特种设备焊工职业技能培训教材

焊　　工

代纯军　王季民　主　编
李亚梅　张天峰　孟　琳　副主编

中国铁道出版社有限公司
CHINA RAILWAY PUBLISHING HOUSE CO., LTD.

内 容 简 介

　　焊工是一个在机械制造和机械加工行业中的特殊(金属焊接)工种,而且是一个很重要的岗位。为提高焊工的理论水平和实际操作水平,保证焊接质量,焊工培训至关重要。本书是以《国家职业技能标准》焊工(中级)的知识要求为依据,紧扣国家职业技能鉴定理论知识考试要求编写的。本教材共分九章,主要内容包括:焊接劳动保护和安全检查,气焊、气割及钎焊,焊条电弧焊,埋弧焊,二氧化碳气体保护焊,手工钨极氩弧焊,等离子弧焊接与切割,电阻焊,焊接缺陷相关知识等。本书旨在帮助焊工人员成为掌握劳动保护与焊接安全必备知识、常用金属材料焊接基本操作方法、焊接质量控制方法、焊接缺陷防治与焊接质量控制基本方法的中级焊接人才。

　　本教材的特点是针对不同的焊接方法,结合焊接过程,从焊前准备、焊前清理、焊接工艺参数的确定、焊接过程(包括要求、图示)、焊接质量要求等方面分别进行了详细讲解,每章前有学习目标及技能要求,章节内容设置不同课题,重点内容以表格形式汇总讲解,图文并茂,注重理论知识的讲解,并与实际应用相结合,具有实用性、可操作性。本书适合作为中专(技工)学校教材,企业培训教材,也可供自学人员参考。

图书在版编目(CIP)数据

　　焊工 / 代纯军,王季民主编. —北京:中国铁道出版社有限公司,2019.10
　　特种设备焊工职业技能培训教材
　　ISBN 978-7-113-26193-1

　　Ⅰ. ①焊… Ⅱ. ①代… ②王… Ⅲ. ①焊接-技术培训-教材 Ⅳ. ①TG4

　　中国版本图书馆 CIP 数据核字(2019)第 186527 号

书　　名:焊　　工
作　　者:代纯军　王季民

策　　划:曾露平　　　　　　　　　　　编辑部电话:(010)63589185 转 2091
责任编辑:曾露平　钱　鹏
封面设计:刘　颖
责任校对:张玉华
责任印制:郭向伟

出版发行:中国铁道出版社有限公司(100054,北京市西城区右安门西街 8 号)
网　　址:http://www.tdpress.com/51eds/
印　　刷:北京虎彩文化传播有限公司
版　　次:2019 年 10 月第 1 版　　2019 年 10 月第 1 次印刷
开　　本:787 mm×1 092 mm　1/16　印张:10.75　字数:251 千
书　　号:ISBN 978-7-113-26193-1
定　　价:29.80 元

前　言

在当今工业社会，没有哪一种连接技术像焊接那样被如此广泛、如此普遍地应用在各个领域，焊接技术以其独特的优越性成为国民经济的支柱技术和强有力的技术手段，已经得到广泛的承认和信赖。

焊接技术涉及广泛的科学及技术基础，从原理上看，焊接过程包括冶金、铸造、焊接、压力加工和热处理；从材料上看，涉及各种材料的应用和焊接；从结构上看，涉及焊接和使用中的力学行为，焊缝及结构的检测和安全评定。由此看出，焊接具有涉及知识面广、实用性强、应用面广等特征。随着我国机械制造业的发展，对生产一线焊工的需求越来越多，要求也越来越高。培养优秀的焊接技术工人，提高焊接技术既是培训学校和培训机构目的所在，也是实现我国机械制造强国战略的重要基础。

焊接是机械制造特别是锅炉、压力容器、压力管道等制造安装过程中主要的工艺方法，焊接质量优劣取决于焊工操作技能水平的高低、工艺水平应用、良好的职业道德等。很多焊接产品质量问题都可以追溯到焊缝的质量上，所以作为一个合格的焊工，必须接受与本工种相适应的、专门的安全技术培训、经安全技术理论考核和实际操作技能考核合格，取得特种作业操作证后，方可上岗作业。

本书是依据 2019 年 1 月 4 日国家人力资源和社会保障部制定的《国家职业技能标准——焊工》对高、中级焊工的理论知识要求和技能要求，按照岗位培训需要的原则编写的，介绍了各类操作方法、技能训练的目标、技能训练的准备、技能训练的任务、焊缝中的缺陷及防止措施、典型的焊接工艺等。适用面广，可供中专（技工）学校、企业培训中心作为焊接培训教材使用，也可供自学人员参考。本书涵盖合格焊工必须掌握的基础知识；技术应用理论深入浅出，图文并茂，着重基本操作技术的传授和动手能力的培养，突出焊工操作技能的训练，并有知名专家教授把关。

本书由河南省锅炉压力容器安全检测研究院鹤壁分院高级工程师代纯军和鹤壁市鑫大化工机械有限公司工程师王季民任主编，河南省锅炉压力容器安全检测研究院鹤壁分院李亚梅、张天峰和河南省特种设备安全检测研究院鹤壁分院孟琳院长担任副主编。郭宏伟等多名专家对本书编写提出了许多宝贵意见，在此向他们和其他关心本书的编写工作的专家致以衷心的感谢。

由于编制水平有限，难免存在疏漏和不足之处，恳请读者批评指正，不胜感激。

编　者
2019 年 5 月于鹤壁

目　　录

第一章　焊接劳动保护和安全检查

课题 1-1　焊接劳动保护

学习目标及技能要求

- 了解焊接劳动保护的知识,增强安全意识,提高焊工自我保护能力。
- 能够正确使用焊接劳动保护用品。

焊接作为制造业的传统基础工艺在世界经济建设的各个领域发挥着重要作用。如今,焊接技术与现代工业同步飞速发展,促进了人类文明与进步。然而,在焊接过程中会产生有害气体、金属蒸汽、烟尘、电弧辐射、高频磁场、噪声和射线等,这些危害因素在一定条件下可能引起爆炸、火灾,可能危及设备、厂房和周围人员安全,给国家和企业带来不应有的损失,也可能造成焊工烫伤、引发急性中毒(锰中毒)、血液疾病、电光性眼炎和皮肤病等职业病。因此,我国把焊接、切割作业定为特种作业。为保护焊工的身体健康和生命安全,我们要加强焊接劳动保护教育,学会正确使用焊接劳动保护用品。表 1-1 列出了焊接过程中存在的各种有害因素。

表 1-1　焊接过程中存在的各种有害因素

工艺方法	电弧辐射	高频电磁场	烟尘	有毒气体	金属飞溅	射线	噪声
酸性焊条电弧焊	○		○○	○	○		
低氢型焊条电弧焊	○		○○○	○	○○		
高效铁粉焊条电弧焊	○		○○○○	○	○		
碳弧气刨	○		○○○	○			○
镀锌铁焊条电弧焊	○		○○○○	○	○		
电渣焊			○				
埋弧焊			○○	○			
实心细丝 CO_2 气体保护焊	○		○○	○	○		
实心粗丝 CO_2 气体保护焊	○○		○○	○	○○		
钨极氩弧焊(铝、铁、铜、镍)	○○	○○	○	○○	○	○	
钨极氩弧焊(不锈钢)	○○	○○	○	○○	○	○	
熔化极氩弧焊(不锈钢)	○○		○○	○○	○	○	

注:○表示强烈程度。其中○轻微,○○中等,○○○强烈,○○○○最强烈。

一、劳动保护用品的种类及使用要求

图 1-1 所示为焊接操作现场,从中我们可以仔细观察焊工的着装。

（1）工作服:焊接工作服的种类很多,最常见的是棉白帆布工作服。白色对弧光有反射作用,棉帆布有隔热、耐磨、不易燃烧,可防止烧伤等作用。焊接与切割作业的工作服不能用一般合成纤维织物制作。

（2）焊工防护手套:焊工防护手套一般为牛（猪）革制手套或以棉帆布和皮革合成材料制成,具有绝缘、耐辐射、抗热、耐磨、不易燃烧和防止高温金属飞溅物烫伤等作用。在可能导电的焊接场所工作时,所用手套应经耐压 3 000 V 实验,合格后方能使用。

图 1-1　焊接操作现场

（3）焊工防护鞋:焊工防护鞋应具有绝缘、抗热、不易燃、耐磨损和防滑的性能,焊工防护鞋的橡胶鞋底经 5 000 V 耐压实验合格(不击穿)后方能使用。如在易燃易爆场合焊接时,鞋底不应有鞋钉,以免产生摩擦火星。在有积水的地面焊接切割时,焊工应穿用经过 6 000 V 耐压实验合格的防水橡胶鞋。

（4）焊接防护面罩(见图 1-2):电焊防护面罩上有合乎作业条件的滤光镜片,起防止焊接弧光伤害眼睛的作用。镜片颜色以墨绿色和橙色为多。面罩壳体应选用阻燃或不燃的且无刺激皮肤的绝缘材料制成,应遮住脸面和耳部,结构牢靠,无漏光,起防止弧光辐射和熔融金属飞溅物烫伤面部和颈部的作用。在狭窄、密闭、通风不良的场合,还应采用输气式头盔或送风头盔(见图 1-3)。

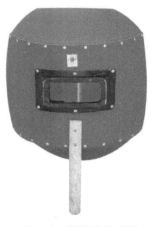

图 1-2　焊接防护面罩

（a）电动式送风头盔

（b）电动式送风头盔的使用

图 1-3　电动式送风头盔及其使用

（5）焊接护目镜(见图 1-4):气焊、气割的防护眼镜片,主要起滤光、防止金属飞溅物烫伤眼睛的作用。应根据焊接、切割工件板的厚度选择。

(6)防尘口罩和防毒面具(见图1-5):在焊接、切割作业时,应采用整体或局部通风仍不能使烟尘浓度降低到允许浓度标准以下时,必须选用合适的防尘口罩和防毒面具,过滤或隔离烟尘和有毒气体。

图1-4　焊接护目镜

（a）防尘口罩　　　　　（b）防毒面具

图1-5　防尘口罩和防毒面具

(7)耳塞、耳罩和防噪声盔:国家标准规定工业噪声一般不应超过85分贝,最高不能超过90分贝。为消除和降低噪声,应采取隔声、消声、减振等一系列噪声控制技术。当仍不能将噪声降低到允许标准以下时,则应采用耳塞、耳罩或防噪声盔等个人噪声防护用品。

二、劳动保护用品的正确使用

(1)正确穿戴工作服。穿工作服时要把衣领和袖口扣好,上衣不应扎在工作裤里边,工作服不应有破损、空洞和缝隙,不允许穿沾有油脂或潮湿的工作服。

(2)在仰位焊接、切割时,为了防止火星、熔渣从高处溅落到头部和肩上,焊工应在颈部围毛巾,头上戴隔热帽,穿着用防燃材料制成的护肩、长套袖、围裙和鞋盖。

(3)电焊手套和焊工防护鞋不应潮湿和破损。

(4)正确选择电焊防护面罩上护目镜的遮光号以及气焊、气割防护镜的眼镜片。

(5)采用输入式头盔或送风头盔时,应经常使口罩内保持适当的正压。若在寒冷季节,应将空气适当加温后再使用。

(6)佩戴各种耳塞时,要将塞帽部分轻轻推入外耳道内,使它和耳道贴合,不要用力太猛和塞得太紧。

(7)使用耳罩时,应先检查外壳有无裂纹和漏气,使用时务必使耳罩软垫圈与周围皮肤贴合。

课题1-2　焊接安全检查

学习目标及技能要求

·能够对焊接、切割场地、设备及工夹具进行安全检查。

国家标准GB 9448—1999《焊接与切割安全》规定了在实施焊接、切割操作过程中避免人身伤害及财产损失所必须遵守的基本原则,为安全实施焊接、切割操作提供了依据。国家标准中规定,对从事特种作业的人员,必须进行安全教育和安全技术培训,经考核合格取得操作证者,方准独立作业。所以焊工在操作时,除加强个人防护外,还必须严格执行焊接安全规程,掌握安全用电、防火、防爆常识,最大限度地避免安全事故。

一、焊接场地、设备安全检查

(1)检查焊接与切割作业点的设备、工具、材料是否排列整齐,不得乱堆乱放。

(2)检查焊接场地是否保持必要的通道,且车辆通道宽度不小于 3 m;人行道不小于 1.5 m。

(3)检查所有气焊胶管、焊接电缆线是否互相缠绕,如有缠绕,必须分开;气瓶用后是否已移出工作场地;在工作场地各种气瓶不得随便横躺竖放。

(4)检查焊工作业面积是否足够,焊工作业面积不应小于 4 m²;地面应干燥;工作场地要有良好的自然采光或局部照明。

(5)检查焊接场地周围 10 m 范围内,各类可燃易爆物品是否清除干净。如不能清除干净,应采取可靠的安全措施,如用水喷湿或用防火盖板、湿麻袋、石棉布等覆盖。

(6)室内作业应检查通风是否良好。多点焊接作业或与其他工种混合作业时,各工位间应设防护屏。

(7)室外作业现场要检查的内容:登高作业现场是否符合安全要求;在地沟、坑道、检查井、管段或半封闭地段等作业时,应严格检查有无爆炸和中毒危险,应该用仪器(如测爆仪、有毒气体分析仪)进行检查分析,禁止用明火及其他不安全的方法进行检查。对附近敞开的孔洞和地沟,应用石棉板盖严,防止火花溅入。

(8)对焊接切割场地检查时要做到:仔细观察环境,分析各类情况,认真加强防护。为保证安全生产,在下列情况下不得进行焊、割作业。

①施焊人员没有安全操作证又没有持证焊工现场指导时不能进行焊、割作业。

②凡属于有动火审批手续者,手续不全不得擅自进行焊、割作业。

③焊工不了解焊、割现场周围情况,不能盲目进行焊、割作业。

④焊工不了解焊、割件内部是否安全时,未经彻底清洗,不能进行焊、割作业。

⑤对盛装过可燃气体、液体、有毒物质的各种容器,未作清洗,不能进行焊、割作业。

⑥用可燃材料作保温、冷却、隔声、隔热的部位,若火星能飞溅到,在未采取可靠的安全措施之前,不能进行焊、割作业。

⑦有电流、压力的导管、设备、器具等在未断电、泄压前,不能进行焊、割作业。

⑧焊、割部位附近堆放有易燃、易爆物品,在未彻底清理或未采取有效防护措施前,不能进行焊、割作业。

⑨与外部设备相接触的部位,在没有弄清外部设备有无影响或明知存在危险性又未采取切实有效的安全措施之前,不能进行焊、割作业。

⑩焊、割场所与附近其他工种有互相抵触时,不能进行焊、割作业。

二、工夹具的安全检查

为了保证焊工的安全,在焊接前应对所使用的工具、夹具进行检查。

(1)电焊钳。焊接前应检查电焊钳与焊接电缆接头处是否牢固。如果两者接触不牢固,焊接时将影响电流的传导,甚至会出现火花。另外,接触不良将使接头处产生较大的接触电阻,造成电焊钳发热、变烫,影响焊工的操作。此外,应检查钳口是否完好,以免影响焊条的夹持。

（2）面罩和护目镜片。主要检查面罩和护目镜是否遮挡严密,有无漏光的现象。

（3）角向磨光机。要检查砂轮转动是否正常,有没有漏电的现象;砂轮片是否已经紧固牢靠,是否有裂纹、破损,要杜绝使用过程中砂轮碎片飞出伤人。

（4）锤子。要检查锤头是否松动,避免在打击中锤头甩出伤人。

（5）扁铲、錾子。应检查其边缘有无毛刺、裂痕,若有应及时清除,防止使用中碎块飞出伤人。

（6）夹具。各类夹具,特别是带有螺钉的夹具,要检查其上的螺钉是否转动灵活,若已锈蚀则应除锈,并加以润滑,否则使用中会失去作用。

第二章 气焊、气割及钎焊

学习目标及技能要求

· 熟练掌握气焊、气割设备及工具的正确连接和使用;
· 能够进行低碳薄板对接平位和低碳钢管对接水平转动的气焊操作;
· 能够进行厚板气割铝管搭接钎焊的操作。

气焊(割)是利用可燃气体与助燃气体混合燃烧所释放出的热量,进行金属焊接(切割)的一种工艺方法,如图 2-1 所示。它具有设备简单,不需电源,操作方便,成本低,应用广泛等特点。因此,气焊技术常用于薄钢板和低熔点材料(有色金属及其合金)、铸铁件、硬质合金刀具等材料的焊接,以及磨损零件的补焊等。气割可用于切割不同厚度的钢板,在汽车车身修复作业中,常用于钢板件的切断及挖补。

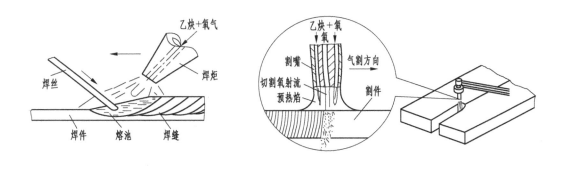

(a) 气焊原理图　　　　　　　　　　　　　　(b) 气割原理图

图 2-1　气焊与气割原理图

此外,还可利用氧-乙炔焰进行有色金属和异种金属的火焰钎焊,结构件变形的火焰矫正等。

一、气焊、气割设备及工具

1. 气焊、气割设备及工具

具体内容见表 2-1。

2. 气焊、气割设备与工具的连接

气焊与气割设备的连接操作步骤见表 2-2。

表 2-1 气焊、气割设备及工具

设备名称	图 示	使用注意事项
氧气瓶	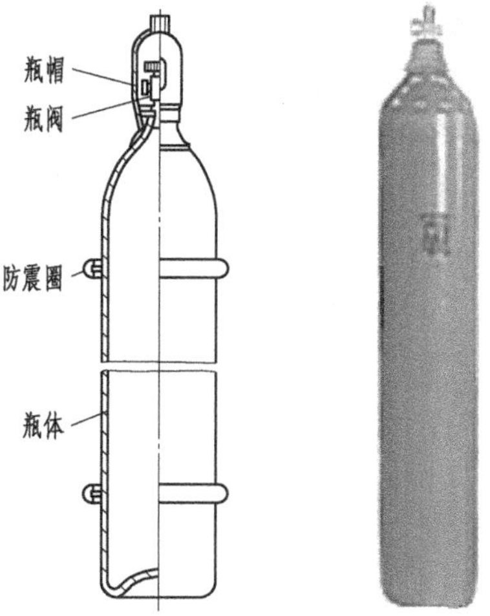 （a）结构图　　（b）实物图 图 2-2　氧气瓶	氧气瓶是用合金钢经热挤压制成的高压容器,如图 2-2 所示。氧气瓶的容积为 40 L,在 15 MPa 压力下,可储 6 m³ 的氧气,瓶体外表涂天蓝色,并标注黑色"氧气"字样
乙炔瓶	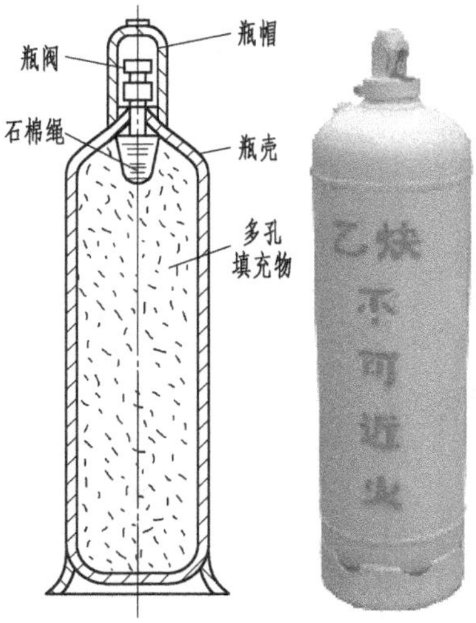 （a）结构图　　（b）实物图 图 2-3　乙炔瓶	乙炔瓶是由低合金钢板经轧制焊接制造的低压容器,如图 2-3 所示。瓶体的外表漆成白色,并标注红色"乙炔"字样。瓶内最高压力为 1.5 MPa。为使乙炔稳定而安全地储存,瓶内装着浸满丙酮的多孔性填料

续表

设备名称	图　示	使用注意事项
氧气减压器	 图2-4　氧气减压器	氧气减压器是将氧气瓶内的高压氧气降为工作时的低压气体的调节装置,如图2-4所示。氧气的工作压力一般要求为0.1~0.4 MPa
乙炔减压器	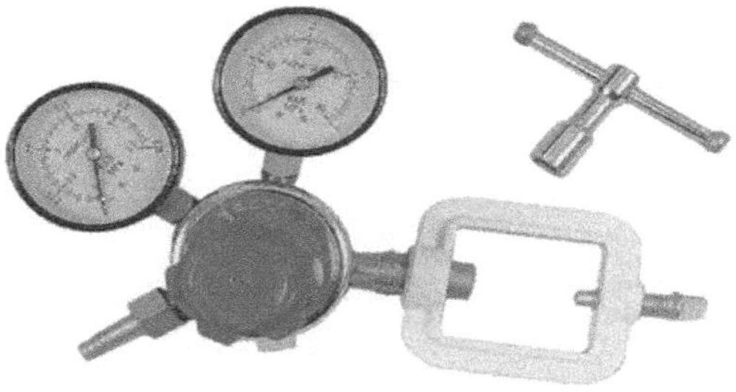 图2-5　乙炔减压器	乙炔减压器是将瓶内具有较高压力的乙炔,降为工作时的低压气体的调节装置,如图2-5所示。乙炔的工作压力一般要求为0.01~0.04 MPa。 　　乙炔瓶阀旁侧设有侧接头,必须使用带有夹环的乙炔减压器
氧气胶管、乙炔胶管	 图2-6　氧气胶管、乙炔胶管	根据GB 9448—1999标准规定:气焊中氧气胶管为黑色,内径为8 mm,乙炔胶管为红色,内径为10 mm,如图2-6所示

续表

设备名称	图　示	使用注意事项
焊炬	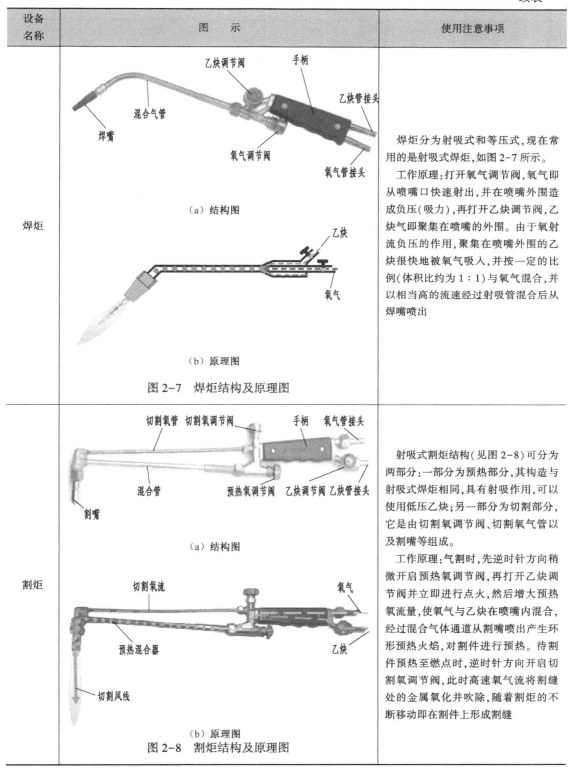	焊炬分为射吸式和等压式,现在常用的是射吸式焊炬,如图2-7所示。 工作原理:打开氧气调节阀,氧气即从喷嘴口快速射出,并在喷嘴外围造成负压(吸力),再打开乙炔调节阀,乙炔气即聚集在喷嘴的外围。由于氧射流负压的作用,聚集在喷嘴外围的乙炔很快地被氧气吸入,并按一定的比例(体积比约为1:1)与氧气混合,并以相当高的流速经过射吸管混合后从焊嘴喷出
割炬		射吸式割炬结构(见图2-8)可分为两部分:一部分为预热部分,其构造与射吸式焊炬相同,具有射吸作用,可以使用低压乙炔;另一部分为切割部分,它是由切割氧调节阀、切割氧气管以及割嘴等组成。 工作原理:气割时,先逆时针方向稍微开启预热氧调节阀,再打开乙炔调节阀并立即进行点火,然后增大预热氧流量,使氧气与乙炔在喷嘴内混合,经过混合气体通道从割嘴喷出产生环形预热火焰,对割件进行预热。待割件预热至燃点时,逆时针方向开启切割氧调节阀,此时高速氧气流将割缝处的金属氧化并吹除,随着割炬的不断移动即在割件上形成割缝

图中标注(焊炬):乙炔调节阀　手柄　混合气管　乙炔管接头　焊嘴　氧气调节阀　氧气管接头

（a）结构图

图中标注(原理图):乙炔　氧气

（b）原理图

图2-7　焊炬结构及原理图

图中标注(割炬):切割氧管　切割氧调节阀　手柄　氧气管接头　混合管　预热氧调节阀　乙炔调节阀　乙炔管接头　割嘴

（a）结构图

图中标注(割炬原理图):切割氧流　氧气　预热混合器　乙炔　切割风线

（b）原理图

图2-8　割炬结构及原理图

表 2-2 气焊与气割设备的连接操作步骤

连接操作步骤	图 示
氧气瓶、氧气减压器、氧气胶管及焊炬(或割炬)连接 首先用活扳手将氧气瓶阀稍打开(逆时针方向为开),吹去瓶阀口上黏附的污物以免进入氧气减压器中,随后立即关闭。开启瓶阀时,操作者必须站在瓶阀气体喷出方向的侧面并缓慢开启,避免氧气流吹向人体以及易燃气体或火源喷出。 在使用氧气减压器前,应向外旋出调压螺钉,使减压器处于非工作状态。接下来将氧气减压器拧在氧气瓶瓶阀上,必须拧足 5 个螺扣以上,再把氧气胶管的一端接牢在氧气减压器的出气口上(见图 2-9),另一端接牢在焊炬(或割炬)的氧气接头上	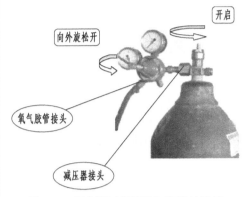 图 2-9 氧气瓶、减压器和胶管的连接
乙炔瓶、乙炔减压器、乙炔胶管及焊炬(或割炬)连接 乙炔瓶必须直立放置,严禁在地面上卧放。首先将乙炔减压器上的调压螺钉松开,使减压器处于非工作状态,把夹环紧固螺钉松开,把乙炔减压器上的连接管对准乙炔瓶阀进气口并夹紧,再把乙炔胶管的一端与乙炔减压器上的出气口接牢(见图 2-10),另一端与焊炬(或割炬)的乙炔接头相连	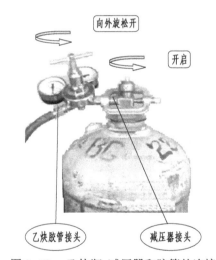 图 2-10 乙炔瓶、减压器和胶管的连接

连接完成后可对照图 2-11 进行检查。

二、气焊主要工艺参数

1. 火焰能率

火焰能率的选择是由焊炬型号和焊嘴代号大小来决定的,每个焊炬都配有 1、2、3、4、5 五种不同规格的焊嘴,数字大的焊嘴孔径大,火焰能率也就大;反之则小。

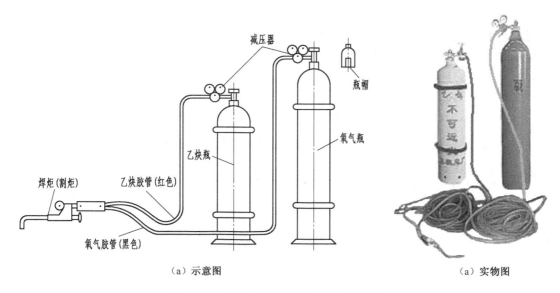

（a）示意图　　　　　　　　　　　　　　（a）实物图

图 2-11　气焊(气割)设备及工具的连接图

2. 火焰性质

(1)通常所用的氧-乙炔焰可分为氧化焰、中性焰、碳化焰三种,其原理和应用范围见表2-3。

表 2-3　氧-乙炔焰的原理和应用范围

火焰性质	原理	图　　示	应用范围
碳化焰	氧与乙炔的混合比小于1.1时燃烧所形成的火焰,如图2-12所示	焰心　内焰(轻微闪动)　外焰 （a）碳化焰示意图 （b）碳化焰实物图 图 2-12　碳化焰	轻微碳化焰适用于高碳钢、铸铁、高速钢、硬质合金、蒙乃尔合金、碳化钨和铝青铜等材料的焊接(气割)

火焰性质	原 理	图　　示	应用范围
中性焰	氧与乙炔混合比为 1.1～1.2 时燃烧所形成的火焰，如图 2-13 所示	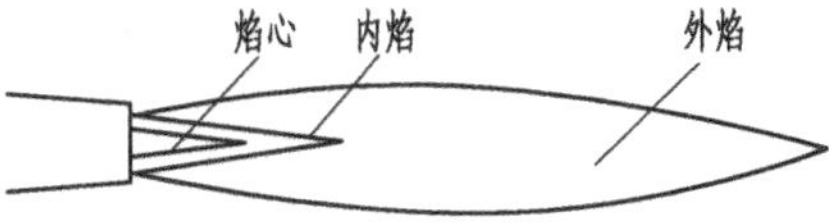 （a）中性焰示意图 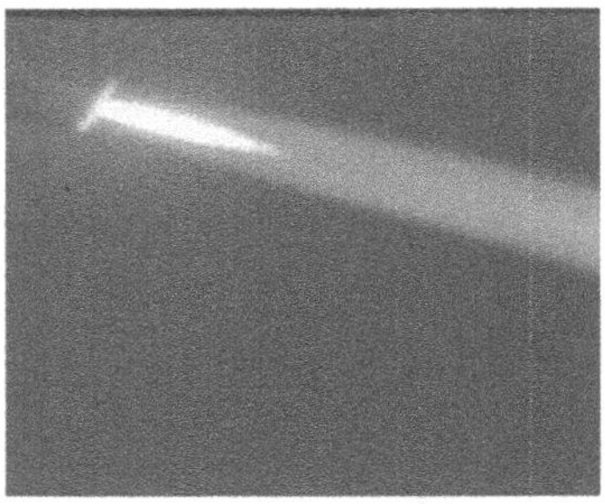 （b）中性焰实物图 图 2-13　中性焰	适用于低碳钢、中碳钢、低合金钢、不锈钢、紫铜、锡青铜及灰铸铁等材料的焊接（气割）
氧化焰	氧与乙炔混合比大于 1.2 时燃烧所形成的火焰，如图 2-14 所示	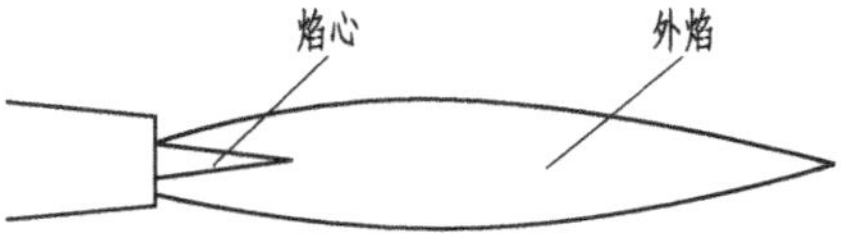 （a）氧化焰示意图  （b）氧化焰实物图 图 2-14 氧化焰	氧化焰适用于黄铜、锰黄铜、镀锌铁皮等材料的焊接（气割）

（2）火焰性质的选择主要根据工件的材质来进行，可参照表 2-4。

表 2-4　各种金属材料气焊时火焰性质的选择

焊件金属	火 焰 性 质	焊件金属	火 焰 性 质
低、中碳钢	中性焰	铝、锡	中性焰或乙炔稍多的中性焰
高碳钢	乙炔稍多的中性焰或轻微的碳化焰	锰钢	轻微氧化焰
低合金钢	中性焰	镍	中性焰或轻微的碳化焰
紫铜	中性焰	铸铁	碳化焰或乙炔稍多的中性焰
黄铜	氧化焰	镀锌铁板	氧化焰
青铜	中性焰或轻微氧化焰	高速钢	碳化焰或轻微的碳化焰
铝及铝合金	中性焰或乙炔稍多的中性焰	硬质合金	碳化焰或轻微的碳化焰
不锈钢	中性焰或乙炔稍多的中性焰	铬镍钢	中性焰或乙炔稍多的中性焰

3. 焊丝的牌号及直径

应根据焊件材料化学成分及焊件厚度来分别选择焊丝的牌号与直径,具体见表 2-5。

表 2-5 焊丝直径与焊件厚度的关系

焊件厚度(mm)	1~2	2~3	3~5	5~10	10~15
焊丝直径(mm)	1~2	2~3	3~4	3~5	4~6

4. 焊嘴倾斜角

焊嘴倾斜角的大小,主要取决于焊件厚度和材料的熔点及导热性。焊件越厚,导热性越强,熔点越高,焊炬的倾斜角应越大,使火焰的热量集中;反之,则应采用较小的倾斜角度。焊炬倾斜角与焊件厚度的关系如图 2-15 所示。

在焊接过程中,焊嘴的倾斜角是不断变化的,如图 2-16 所示。

5. 焊丝倾角

在气焊中,焊丝和焊件表面的倾斜角一般为 30°~40°;它与焊炬中心线的角度为 90°~100°,如图 2-17 所示。

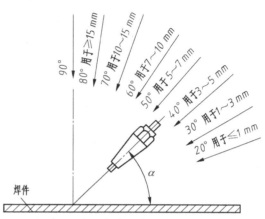

图 2-15 焊炬倾斜角与焊件厚度的关系

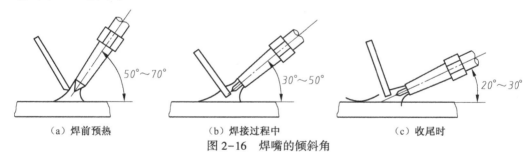

（a）焊前预热　　　　（b）焊接过程中　　　　（c）收尾时

图 2-16 焊嘴的倾斜角

三、气焊火焰的点燃、调节和熄灭

1. 焊炬的握法

右手的小拇指、无名指、中指和掌心握着焊炬手柄(也可只用大拇指与掌心握着,小拇指、中指、无名指与焊件接触作为支撑),大拇指和食指放于氧气阀侧(用于及时调节氧气流量),左手的大拇指、食指、中指控制乙炔阀(在焊接过程中调节火焰大小,左手用来拿焊丝)。

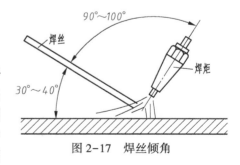

图 2-17 焊丝倾角

2. 送丝的手法

(1)一种是点送(断续送丝):用左手大拇指与食指拿着焊丝,将焊丝置于食指第三节指腹上侧与无名指指甲上侧,小指与焊件接触作为支撑,以利于手腕向右的断续点击与移动完成送丝,随着焊丝熔化,要不时地停焊改变拿丝的位置,便于操作与掌握。

(2)另一种是连续送丝:用左手大拇指与食指拿着焊丝,用食指与中指的第一节指腹与小拇指的指背夹着焊丝,通过大拇指与食指的配合连续不断向熔池中送进焊丝,比较难掌握与操作比较难,但熟练后有利于提高焊接速度与效率。

3. 火焰的点燃

先逆时针方向旋转乙炔阀门放出乙炔,再逆时针微开氧气阀门,使焊(割)炬内存在的混合气体从焊(割)嘴喷出,然后将焊嘴靠近火源点火。开始练习时,可能出现不易点燃或连续的"放炮"声,原因是氧气量过大或乙炔不纯,应微关氧气阀门或放出不纯的乙炔后,重新点火。点火时,拿火源的手不要正对焊嘴,也不要将焊嘴指向他人,以防烧伤。

4. 火焰的调节(见图2-18)

开始点燃的火焰多为碳化焰,如要调成中性焰,应逐渐增加氧气的供给量,直至火焰的内、外焰无明显的界限。如继续增加氧气或减少乙炔,就得到氧化焰;反之,减少氧气或增加乙炔,可得到碳化焰。调节氧气和乙炔流量大小,还可得到不同的火焰能率。即若先减少氧气,后减少乙炔,可减少火焰能率;若先增加乙炔,后增加氧气,可增大火焰能率。同时,在气焊中,要注意回火现象,并及时处理。

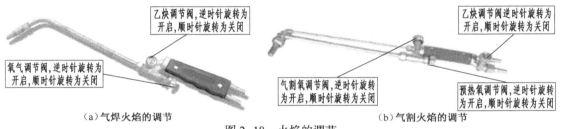

(a)气焊火焰的调节　　　　图2-18　火焰的调节　　　(b)气割火焰的调节

5. 火焰的熄灭

火焰正确的熄灭方法是:先顺时针方向旋转乙炔阀门,直至关闭乙炔,再顺时针方向旋转氧气阀门关闭氧气,这样可避免黑烟和火焰倒袭。注意关闭阀门时以不漏气为准,不要关得太紧,以防磨损太快,降低焊炬的使用寿命。

四、气割工艺参数

气割工艺参数主要包括气割氧压力、切割速度、预热火焰能率、割嘴与割件的倾斜角度、割嘴离割件表面的距离等。

1. 气割氧气压力

气割时,氧气的压力与割件的厚度、割嘴代号以及氧气纯度等因素有关。割件越厚,割嘴代号越大,要求氧气的压力越大;反之,割件较薄时,应减小割嘴代号和氧气压力。

2. 切割速度

切割速度主要取决于割件的厚度。割件越厚,割速越慢,有时还要增加横向摆动。割速不能过慢或过快,否则会造成清渣困难或后拖量大。所谓后拖量是气割面上的切割氧气流轨迹的始点与终点在水平方向上的距离,如图2-19所示。

3. 预热火焰能率

预热火焰能率与割件厚度有关。割件越厚,火焰能率越大,反之则越小。火焰能率选择过大,会使割缝上缘产生连续的珠状钢粒(见图2-20),甚至熔化成圆角,使割缝背面熔渣增多。火焰能率过小,会使割速减慢而中断气割工作。

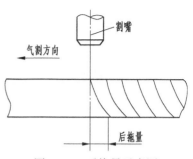

图 2-19 后拖量示意图

4. 割嘴与割件的倾斜角度

割嘴与割件的倾斜角度(见图2-21)的大小主要根据割件的厚度来确定,见表2-6。割嘴与割件间的倾角对切割速度和后拖量产生直接影响,如果倾角选择不当,不但不能提高切割速度,反而会增加氧气的消耗量,甚至造成气割困难。

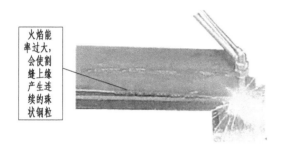

图 2-20 气割能率过大

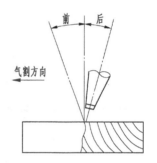

图 2-21 割嘴与割件的倾斜角度

表 2-6 割嘴与割件的倾角与割件厚度的关系

割件厚度 (mm)	<4	4~20	20~30	>30		
				起割	割穿后	停割
倾角方向	后倾	后倾	垂直	前倾	垂直	后倾
倾角度数	25°~45°	5°~10°	0°	5°~10°	0°	5°~10°

5. 割嘴离割件表面的距离

割嘴离割件表面的距离可由割件厚度和预热火焰的长度来确定,如图2-22所示。在一般情况下为3~5 mm。当割件厚度在20 mm以下时,距离可适当加大,预热火焰可长些。当割件厚度在20 mm以上时,距离要适当减小,预热火焰可短些。

手工气割工艺参数见表2-7。

五、气焊、气割过程中回火现象的处理

在气焊或气割过程中,有时会出现气体火焰倒入喷嘴内逆向燃烧的现象,这种现象就称为回火。回火可能烧毁焊(割)炬、管路,甚至会引起可燃气体储气罐的爆炸。因此,当发生回火现象时,操作者要迅速进行处理,否则会造成严重的后果。

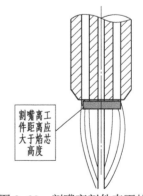

图 2-22 割嘴离割件表面的距离示意图

表 2-7 手工气割工艺参数

板材厚度(mm)	割 炬				气体压力(MPa)		切割速度 (mm/min)
	型 号	割 嘴			氧气	乙炔	
		号 码	切割氧 孔直径(mm)	切割氧孔形状			
4.0 以下	G01-30	1	0.6	环形	0.3~0.4	0.001~0.12	450~500
4~10	G01-30	1~2	0.6	环形	0.4~0.5	0.001~0.12	400~450
10~25	G01-30	2 3	0.8 1.0	环形	0.5~0.7	0.001~0.12	250~350
25~50	G01-100	3~5	1.0 1.3	环形 梅花形	0.5~0.7	0.001~0.12	180~250
50~100	G01-100	3~5 5~6	1.3 1.6	梅花形	0.5~0.7	0.001~0.12	130~180

当发生回火,听到"嘶、嘶、嘶"的响声时,应立即按顺时针方向关闭氧气阀和乙炔阀(若是气割,还要关闭切割氧气阀),切断气源。当回火焰熄灭之后,再打开氧气阀门,将残留在焊割炬内的余焰和烟灰彻底吹除,再重新点燃火焰即可,如图 2-23 所示。

六、检查焊(割)炬射吸能力

使用射吸式焊(割)炬前,必须检查其射吸能力。检查时,不接乙炔胶管,而接入氧气胶管,按逆时针方向打开氧气阀门和乙炔阀门,用手指按在乙炔进气管接头上,如手指上感到有吸力,说明射吸能力正常,如果没有吸力,说明射吸能力不正常,不能使用,如图 2-24 所示。

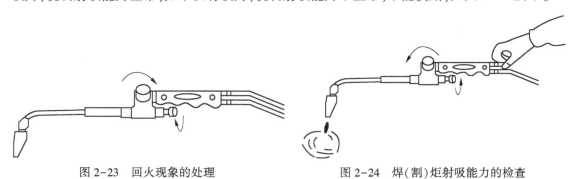

图 2-23 回火现象的处理   图 2-24 焊(割)炬射吸能力的检查

课题 2-1 薄板对接平焊

学习目标及技能要求

· 能够正确使用气焊设备及工具,合理地选择气焊工艺参数;
· 掌握低碳钢薄板对接平焊的气焊操作。

1. 焊前准备

(1)试件材料:Q235。

（2）试件尺寸：200 mm×50 mm×1.5 mm 两块，如图 2-25 所示。

（3）焊接材料：焊丝牌号 H08A，直径为 ϕ2 mm。

（4）焊接要求：平位单面气焊。

（5）焊接设备及工具：氧气瓶、减压器、乙炔瓶、焊炬（H01-6 型）、橡胶软管。

（6）辅助器具：护目镜、点火枪、通针、钢丝刷等。

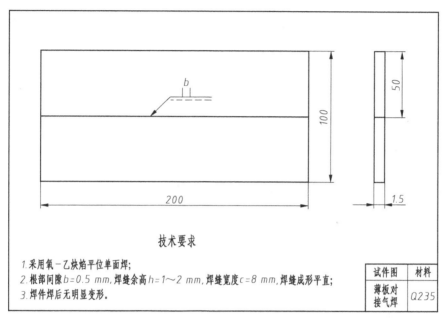

技术要求

1. 采用氧-乙炔焰平位单面焊；
2. 根部间隙 b=0.5 mm，焊缝余高 h=1～2 mm，焊缝宽度 c=8 mm，焊缝成形平直；
3. 焊件焊后无明显变形。

试件图	材料
薄板对 接气焊	Q235

图 2-25　薄板对接平焊试件图

2. 焊前清理

焊前应将焊件表面的氧化皮、铁锈、油污、脏物等用钢丝刷、砂布或抛光的方法进行清理，直至露出金属光泽。

3. 确定气焊工艺参数

（1）选择左向焊法。

（2）调节火焰能率。用与所焊工件同样材质、厚度的钢板作为试验板，根据经验调节适于平焊位置的火焰能率。

（3）选择火焰性质。应选择中性焰进行焊接。

4. 定位焊

将准备好的两块钢板试件水平整齐地放置在工作台上，预留根部间隙约 0.5 mm。定位焊缝的长度和间距视焊件的厚度和焊缝长度而定。焊件越薄，定位焊缝的长度和间距越小；反之则应加大。本课题焊件厚度 1.5 mm，定位焊由焊件中间开始向两头进行，定位焊缝长度约为 5～7 mm，间隔 50～100 mm，如图 2-26 所示。定位焊点不易过长、过高或过宽，但要保证焊透。

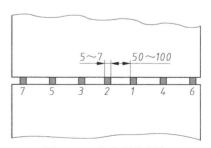

图 2-26　定位焊的顺序

定位焊缝横截面形状要求如图 2-27 所示。

5. 预置反变形

定位焊后，可采用焊件预置反变形法以防止焊件角变形，即将焊件沿接缝处向下折成 160°左右，如图 2-28 所示，然后用胶木锤将接缝处校正齐平。

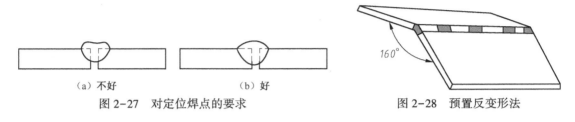

　　（a）不好　　　　　　　（b）好

图 2-27　对定位焊点的要求

图 2-28　预置反变形法

6. 焊接过程

薄板对接平焊过程如下。

1）起头

首先将焊炬的倾斜角放大些，然后对准焊件始端做往复运动，进行预热，如图 2-29 所示。在第一个熔池未形成前，仔细观察熔池的形成，并将焊丝端部置于火焰中进行预热。当焊件由红色熔化成白亮而清晰的熔池时，便可熔化焊丝，将焊丝熔滴滴入熔池，随后立即将焊丝抬起，焊炬向前移动，形成新的熔池，如图 2-30 所示。

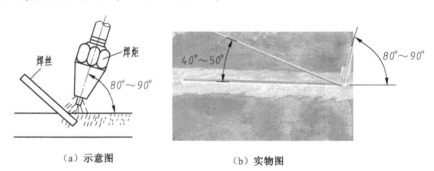

　　（a）示意图　　　　　　（b）实物图

图 2-29　焊前预热焊炬的倾斜角

2）焊接

在焊接过程中，必须保证火焰为中性焰，否则易出现熔池不清晰、有气泡、火花飞溅或熔池沸腾等现象。同时，控制熔池的大小非常关键，一般可通过改变焊炬的倾斜角、高度和焊接速度来实现。若发现熔池过小，焊丝与焊件不能充分熔合，应增加焊炬倾斜角，减慢焊接速度，以增加热量；若发现熔池过大且没有流动金属时，表明焊件被烧穿。此时应迅速提起焊炬或加快焊接速度，减小焊炬倾斜角，并多加焊丝，再继续施焊。

图 2-30　采用左向焊法时焊炬与
焊丝端头的位置

在焊接过程中，为了获得优质而美观的焊缝，焊炬与焊丝应保持合适的角度（见图 2-31）并做均匀协调的摆动。通过摆动，既能使焊缝金属熔透、熔匀，又避免了焊缝金属的过热和过烧。在焊接某些有色金属时，还要不断地用焊丝搅动熔池，以促使熔池中各种氧化物及有害气体的排出。

　　焊炬和焊丝的摆动方法与摆动幅度,同焊件的厚度、性质、空间位置及焊缝尺寸有关。本课题为薄板的左向焊法,焊炬和焊丝的摆动方法如图 2-32 所示。

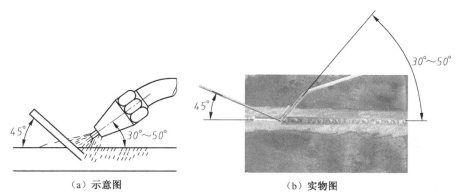

（a）示意图　　　　　　　　　　（b）实物图

图 2-31　焊接过程中焊炬与焊丝的角度

图 2-32　焊炬和焊丝的摆动方法

　　3）接头

　　在焊接中途停顿后又继续施焊时,应用火焰将原熔池重新加热熔化,形成新的熔池后再加焊丝。重新开始焊接时,每次续焊应与前一焊道重叠 5～10 mm,重叠焊道可不加焊丝或少加焊丝,以保证焊缝高度合适及均匀光滑过渡。

　　4）收尾

　　当焊到焊件的终点时,要减小焊炬的倾斜角,增加焊接速度,并多加一些焊丝,避免熔池扩大,防止烧穿,如图 2-33 所示。同时,应用温度较低的外焰保护熔池,直至熔池填满,火焰才能缓慢离开熔池。

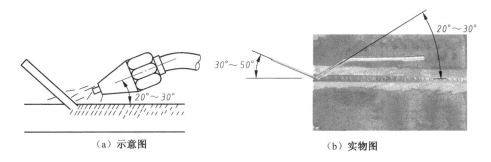

（a）示意图　　　　　　　　　　（b）实物图

图 2-33　收尾时焊炬的倾斜角

7. 焊接质量要求

（1）焊缝宽度 6～8 mm,焊缝余高 0～2 mm,焊道成形应整齐美观。

（2）定位焊产生缺陷时,必须铲除或打磨修补,以保证质量。

（3）焊缝边缘和母材应圆滑过渡,无咬边。

（4）焊缝不能过高、过低、过宽、过窄，不允许有粗大的焊瘤和凹坑。

（5）焊缝背面必须均匀焊透。

课题 2-2　管对接水平转动焊

学习目标及技能要求

· 掌握小直径低碳钢管对接水平转动氧-乙炔气焊打底焊和盖面焊的操作方法。

钢管气焊时，一般均采用对接接头。管的用途不同，对焊接质量的要求也不同。重要的管道要求单面焊双面成形，以满足较高工作压力的要求；工作压力较低的管道，对焊缝接头只要求不泄漏，并达到一定强度即可。

重要管道的焊接，当壁厚大于 3 mm 时，为了保证焊缝全部焊透，需开 V 形坡口，并留有钝边。管道气焊时的坡口形式及尺寸见表 2-8。

表 2-8　管道气焊时的坡口形式及尺寸

管壁厚度（mm）	≤2.5	≤6	6~10	10~15
坡口形式	I 形	V 形	V 形	V 形
坡口角度（°）	—	40~60	40~60	40~60
钝边（mm）	—	0.5~1.5	1~2	2~3
间隙（mm）	1~1.5	1~2	2~2.5	2~3

注：采用右向焊法时，坡口角度为 60°~70°。

1. 焊接准备

（1）试件材料：20 钢管。

（2）试件尺寸：ϕ57 mm×4 mm，L＝160 mm ；60°V 形坡口，如图 2-34 所示。

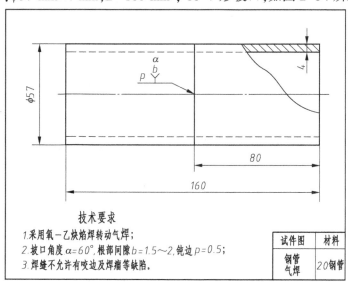

图 2-34　钢管氧-乙炔气焊试件图

（3）焊接要求：单面焊双面成形，采用左向焊法。

（4）焊接材料：焊丝牌号 H08 直径为 $\phi2$ mm。

（5）焊接设备及工具：氧气瓶、减压器、乙炔瓶、焊炬（H01-6 型）、橡胶软管。

（6）辅助器具：护目镜、点火枪、通针、钢丝刷等。

2. 焊前清理

将焊件坡口面及坡口两侧内外表面的氧化皮、铁锈、油污，脏物等用钢丝刷、纱布或抛光的方法进行清理，直至露出金属光泽。

3. 试件装配

钝边 0.5 mm 无毛刺，根部间隙为 1.5~2 mm，错边量 ≤ 0.5 mm。

4. 定位焊

对直径不超过 $\phi70$ mm 的管子，一般只需定位焊 2 处；对直径 70~300 mm 的管子可定位焊 4~6 处；对直径超过 300 mm 的管子可定位焊 6~8 处或以上。不论管子直径大小，定位焊的位置要均匀对称布置，焊接时的起焊点应在两个定位焊点中间，如图 2-35 所示。

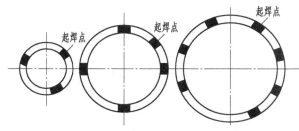

（a）直径＜70 mm （b）直径 70~300 mm （c）直径＞300 mm

图 2-35　不同管径定位焊及起焊点

5. 焊接过程

钢管对接转动焊过程如下。

1）施焊方式选择

（1）左向爬坡焊，应始终控制在与管道水平中心线夹角为 50°~70° 的范围内进行焊接，如图 2-36 所示。这样可以加大熔深，并易于控制熔池形状，使接头全部焊透；同时被填充的熔滴金属自然流向熔池下边，使焊缝堆高快，有利于控制焊缝的高低，更好的保证焊缝质量。

（2）右向爬坡焊，因火焰吹向熔化金属部分，为了防止熔化金属被火焰吹成焊瘤，熔池也应控制在与垂直中心线夹角 10°~30° 的范围内进行焊接，如图 2-37 所示。

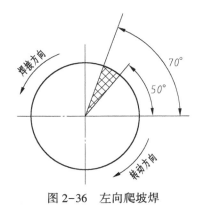

图 2-36　左向爬坡焊

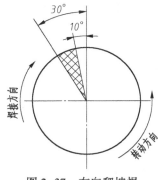

图 2-37　右向爬坡焊

2）打底层焊接

打底焊过程中，焊嘴和管子表面的倾斜角度为 45° 左右（见图 2-38），在施焊位置加热起焊点,焰芯端部到熔池的间距4~5 mm,当看到坡口钝边熔化并形成熔池后,立即把焊丝送入熔池前沿,使之熔化填充熔池。焊嘴做圆圈形运动,熔孔不断前移,焊丝处于熔池的前沿不断地向熔池中添加焊丝形成焊缝(见图2-39)。收尾时,火焰要慢慢地离开熔池。

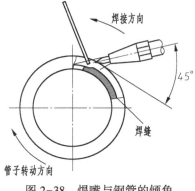

图2-38　焊嘴与钢管的倾角

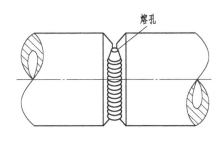

图2-39　打底层焊道

3)盖面层焊接

盖面层焊接时,焊炬要做适当的横向摆动。

在整个焊接过程中,每一层焊道应一次焊完,并且各层的起焊点互相错开20~30 mm。每次焊接结束时,要填满熔池,火焰慢慢地离开熔池,防止产生气孔、夹渣等缺陷。焊接盖面焊时,火焰能率应适当小些,使焊缝表面良好成形(见图2-40)。收尾时,应将终焊端和始焊端重叠10 mm左右,并使火焰慢慢离开熔池。

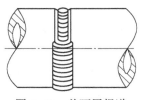

图2-40　盖面层焊道

课题2-3　厚板气割

学习目标及技能要求

· 能够合理地选择气割工艺参数。

· 掌握厚板直线气割的操作方法。

1. 气割前准备

(1)试件材料:Q235。

(2)试件尺寸:450 mm×300 mm×30 mm,如图2-41所示。

(3)气割设备及工具:氧气瓶、减压器、乙炔瓶、割炬(G01-100型)、3号环形(或梅花形)割嘴、橡胶软管。

(4)辅助器具:护目镜、点火枪、通针、钢丝刷等。

2. 气割前清理

用钢丝刷等工具将试件表面的铁锈、鳞皮和脏污等仔细清理干净,然后将割件用耐火砖垫空,便于切割。

3. 气割过程

厚板气割过程如下。

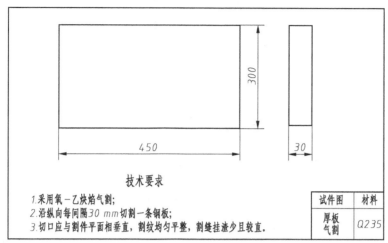

图 2-41 厚板气割试件图

技术要求

1. 采用氧-乙炔焰气割;
2. 沿纵向每间隔 30 mm 切割一条钢板;
3. 切口应与割件平面相垂直,割纹均匀平整,割缝挂渣少且较直.

试件图	材料
厚板气割	Q235

1) 点火

点火前应先检查割炬的射吸能力。方法是将割炬的氧气胶管与割炬连接,不接乙炔胶管,打开预热氧气调节阀和乙炔调节阀,用左手拇指轻触割炬的乙炔接头,当手指感到有吸力,则说明割炬射吸性能良好,操作如图 2-42 所示。

点火前,先逆时针方向旋转乙炔调节阀放出乙炔,再逆时针微开氧气调节阀,左手持点火机置于焊嘴的后侧,开始点火。点火时手要避开火焰,防止烧伤。

将火焰调成中性焰或轻微氧化焰。然后打开割炬上的切割氧开关,并增大氧气流量,使切割氧流的形状(及风线形状)成为笔直而清晰的圆柱体,并有一定的长度。否则,应关闭割炬上所有的阀门,用通针进行修整或者调整内外嘴的同轴度。将预热火焰和风线调整好,关闭割炬上的切割氧开关,准备起割。

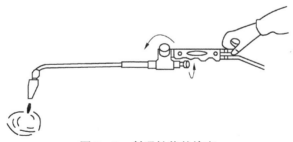

图 2-42 射吸性能的检查

2) 操作姿势

操作时,双脚成"八"字形蹲在割件的一旁,右臂靠住右小腿外侧,左臂靠住左膝盖,如图 2-43(a)所示,或左臂悬空在两脚中间,如图 2-43(b)所示。右手握住割炬手柄,用右手拇指和食指靠住手把下面的预热氧气调节阀,以便随时调节预热火焰,一旦发生回火时,就能及时切断氧气。左手的拇指和食指把住切割氧气阀开关,其余三指则平稳地托住割炬混合管,双手进行配合,掌握切割方向。进行切割时,上身不要弯得太低,注意呼吸应平稳,眼睛注视割嘴和割线,以保证割缝平直。

（a）左臂靠住左膝盖　　　　（b）左臂悬空在两脚中间

图 2-43　气割操作姿势

3）起割

开始切割时，由割件边缘棱角处开始预热，要准确控制割嘴与割件间的垂直度，如图 2-44 所示。待边缘呈现亮红色时，被割件金属已达到燃烧温度，逐渐开大切割氧压力，并将割嘴稍向气割方向倾斜 5°～10°，如图 2-45 所示。看到割件背面飞出鲜红的氧化金属时将火焰局部移出边缘线以外，同时慢慢打开切割氧气阀门。当看到被预热的红点在氧气流中被吹掉时，进一步开大切割氧气阀门，看到割件背面飞出鲜红的金属氧化渣时，证明割件已被割透，再加大切割氧流，并使割嘴垂直于割件，进入正常气割过程。

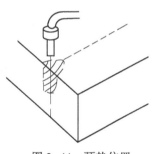

图 2-44　预热位置

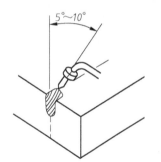

图 2-45　起割、预热钢板边缘

4）气割

起割后，为了保证割缝的质量，在整个气割过程中，割炬移动速度要均匀，割嘴离割件表面的距离要保持一定。若身体需更换位置，应先关闭切割氧气阀门，待身体的位置移好后，再将割嘴对准待割处，适当加热，然后慢慢打开切割氧气阀门，继续向前切割。

在气割过程中，有时因割嘴过热或氧化铁渣的飞溅，使割嘴堵塞或乙炔供应不足时，出现鸣爆或回火现象。此时，必须迅速地关闭预热氧气和切割氧气阀门，切断氧气供给，防止出现回火。如果仍然听到割炬里还有"嘶嘶"的响声，则说明火焰没有完全熄灭，此时，应迅速关闭乙炔阀门，或者拔下割炬上的乙炔软管，将回火的火焰排出。以上处理正常后，要重新检查割炬的射吸力，然后才允许重新点燃割炬进行工作。

在中厚钢板的正常气割过程中，割嘴要始终垂直于割件作横向月牙形或"之"字形摆动，如图 2-46 所示。移动速度要慢，并且应连续进行，尽量不中断气割，避免割件温度下降。

5）停割

（1）气割过程临近终点时，割嘴应沿气割方向的反方向倾斜 5°～10°，将切割速度适当放慢，这样可以减少后拖量，以便钢板的下部提前被割透，使焊缝在收尾处整齐美观。

（2）达到终点时，应迅速关闭切割氧气阀门并将割炬抬起，再关闭乙炔阀门，最后关闭预热阀门。松开减压器调节螺钉，将氧气放出。

（3）停割后要仔细检查割缝边沿的挂渣，便于以后的加工，如图 2-47 所示。

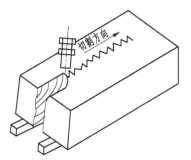

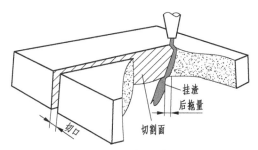

图 2-46　割嘴沿切割方向横向摆动示意图　　　　图 2-47　割缝检查

4. 结束气割工作

关闭氧气瓶和乙炔瓶阀门。

课题 2-4　铝管搭接钎焊

学习目标及技能要求

· 能够进行铝管火焰钎焊前的清洗和表面处理，以及焊后对焊缝的清洗。

· 能够正确选择铝管火焰钎焊的钎剂、钎料。

· 掌握铝及铝合金管搭接接头氧-乙炔火焰钎焊的操作方法。

1. 钎焊前准备

（1）试件材料：1A95。

（2）试件尺寸：具体尺寸如图 2-48 所示。

（3）钎剂和钎料：选用 L400 为钎料，QF 或 TD-1 为钎剂。

（4）钎焊间隙：0.1～0.5 mm。

（5）气割设备及工具：氧气瓶、减压器、乙炔瓶、焊炬（H01-100 型）、橡胶软管。

（6）辅助器具：护目镜、点火枪、通针、钢丝刷等。

2. 钎焊前清理

（1）铝管表面应光滑，无毛刺、划伤、气孔、裂纹、凹坑、皱纹等缺陷。

（2）坡口加工应采用冷加工方法，焊前应对坡口进行打磨以清除氧化物，直至露出金属光泽。

（3）铝管坡口表面及其两侧 50 mm 范围内应严格进行表面清理，去除水分、尘土、金属屑、油污、漆、氧化膜、含氢物质及所有附着物。可以采用机械法和化学法进行表面清理，但不要使用砂轮或砂布。建议使用不锈钢制钢丝刷。

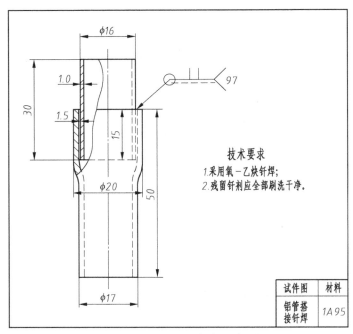

图 2-48 铝管搭接钎焊试件图

（4）铝及铝合金用化学法清理步骤如下：

①用质量分数为 10% 的 NaOH 溶液浸泡（约 70℃）或擦涂待钎焊的表面,约 10 min 后用清水冲洗干净。

②再用质量分数为 30% 的 HNO_3 溶液浸泡或擦涂,约 5 min 后用清水冲洗干净。

③用无水乙醇擦涂,再用电吹风快速吹干。

④清理后的表面要注意保持,防止取放或装配时二次污染。

（5）清理后的表面应加以保护,免遭沾污,并即时施焊,一般间隔不超过 2 h。

3. 钎焊过程

铝管搭接钎焊过程如下。

1）放置钎料

由于铝管比较小,这里使用一个钎料环作为钎焊材料,如图 2-49 所示。

2）涂敷钎剂

将钎剂用纯净水调成糊状,用刷子均匀涂敷在待钎焊件表面（见图 2-50）,采用搭接接头,根据实际结构及受力状况搭接长度≤30 mm 为宜,间隙控制在小于 0.5 mm,装配结果如图 2-51 所示。

3）加热

用火焰的外焰加热焊件,焰芯距焊件表面应保持 15~20 mm 的距离,以增大加热面积。用焊枪对着焊接接头,来回移动,尽量使两焊件接头处温度上升一致,均匀加热,如图 2-52 所示。开始时,钎剂中的乙醇剧烈蒸发,蒸发后,钎剂呈液态充满在间隙及接头附近,当加热到一定温度（大约 400 ℃）时,液态钎剂与铝合金表面反应,产生白色烟雾,反应处的铝合金表面露出光亮的色泽,此时钎料锌与光亮的铝合金表面接触熔化,液态锌在其上极易铺展,受毛细作用填充到接头间隙。用火焰沿钎缝再加热两遍,然后慢慢地将火焰移开,让接头自然冷却至200 ℃以下。

图 2-49 套锌环

图 2-50 涂敷钎剂

图 2-51 装配好焊件

4)清理

钎焊后不允许立即移动焊件或将焊件的夹具卸下,应待接头温度降到 200 ℃以下时才用水清洗,并用毛刷清理残渣,这些残渣对钎焊接头有较强的腐蚀作用,清理不彻底会导致接头的早期失效,清理后的焊件,如图 2-53 所示。

图 2-52 氧-乙炔火焰加热中

图 2-53 清理后的焊件

4. 注意事项

(1)焊前表面必须采取化学法严格清理避免二次污染。

(2)钎剂的存放、使用注意防潮,避免长时间暴露在空气中。

(3)两工件接头要均匀加热。

(4)把握钎料添加时机,产生白色烟雾后,将火焰稍微远离,避免过热。

(5)焊后及时清理,残渣一定要彻底清除。

(6)钎焊的时间应力求最短,以减少接触外的氧化。

(7)不能用火焰直接加热钎料,应加热焊件,使钎料接触焊件立即熔化。

(8)火焰的高温区不要对着已熔化的钎料和钎剂,否则会使钎料钎剂过热过烧,造成某些成分的挥发和氧化,从而导致接头的性能变坏。

(9)钎焊后的零件,须待钎焊凝固后方可挪动位置。

第三章　焊条电弧焊

课题 3-1　平　敷　焊

学习目标及技能要求

- 能够合理地选择平敷焊焊接工艺参数。
- 掌握焊条电弧焊的引弧操作和运条的基本方法。
- 掌握焊道起头、接头和收尾的方法。

焊条电弧焊是用手工操作焊条进行焊接的电弧焊方法,适用于焊接碳钢、低合金钢、不锈钢以及铜、铝及其合金等金属材料。

焊条电弧焊的设备简单,操作方便、灵活,适用于各种条件下的焊接,特别适用于结构形状复杂、焊缝短小、弯曲或各种空间位置焊缝的焊接。

平敷焊是在焊缝倾角 0°、焊缝转角 90° 的焊接位置上堆敷焊道的一种操作方法。它是焊条电弧焊其他位置焊接操作的基础,如图 3-1 所示。本课题的主要任务就是通过平敷焊训练掌握焊条电弧焊的基本操作要领。

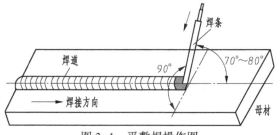

图 3-1　平敷焊操作图

1. 焊前准备

(1)试件材料:Q235。

(2)试件尺寸:300 mm×200 mm×6 mm,如图 3-2 所示。

(3)焊接材料:E4303 或 E5015,焊条直径为 3.2 mm 或 4.0 mm。E4303 型焊条适用于交流弧焊电源或直流弧焊电源,而 E5015 型焊条只适用于直流弧焊电源。E4303(结 422)酸性焊条烘烤 75~150 ℃,恒温 1~2 h;E5015(结 507)碱性焊条烘烤 350~400 ℃,恒温 2 h,随用随取。

(4)焊接设备:BX1-330 型弧焊变压器、BX3-300 型弧焊变压器或 ZX5-400 型弧焊整流器。

①BX1-330 型弧焊变压器。该焊机属于动铁心式,焊机的外形和外部接线如图 3-3 所示。焊接电流粗调节是改变二次侧接线板上的连接铜片位置,当连接铜片在位置 I 时,焊接电流调节范围为 50~180 A;当连接铜片在位置 II 时,焊接电流调节范围为 160~450 A,如图 3-4 所示。

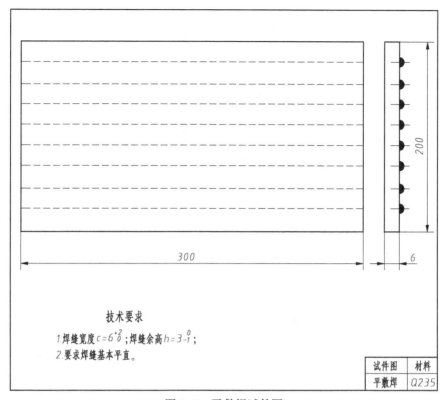

技术要求

1.焊缝宽度 $c = 6^{+2}_{0}$；焊缝余高 $h = 3^{0}_{-1}$；

2.要求焊缝基本平直。

试件图	材料
平敷焊	Q235

图 3-2　平敷焊试件图

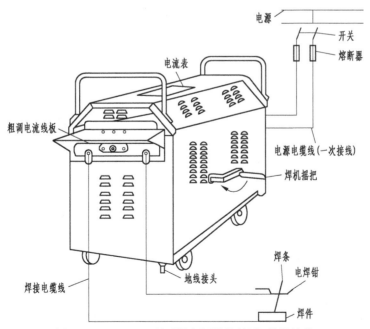

图 3-3　BX1-330 型弧焊变压器的外形、外部接线

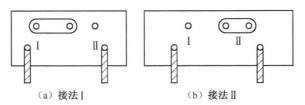

（a）接法Ⅰ　　　　　　（b）接法Ⅱ

图 3-4　BX1-330 型弧焊变压器的焊接电流粗调节

②BX3-300 型弧焊变压器。该机器属于动圈式,其外形和焊接电流粗调节如图 3-5 所示。当接线为位置Ⅰ时,同时转动粗调转换开关与位置Ⅰ相对应此时的接线为串联方式,焊接电流调节范围为 40~150 A。当接线为位置Ⅱ时,接线为并联方式,也同时转动粗调转换开关使之与位置Ⅱ对应,焊接电流调节范围为 120~380 A。

③ZX5-400 型弧焊整流器。该机器属于晶闸管整流式,其外部接线如图 3-6 所示。

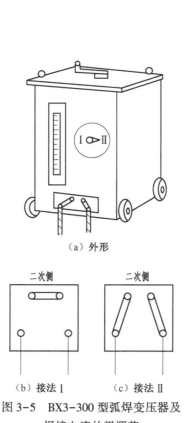

（a）外形

（b）接法Ⅰ　　（c）接法Ⅱ

图 3-5　BX3-300 型弧焊变压器及
焊接电流的粗调节

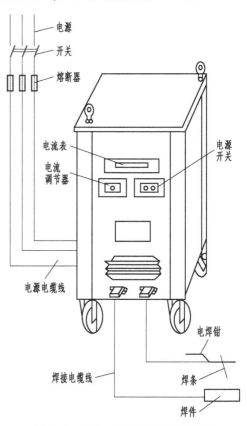

图 3-6　ZX5-400 型弧焊整流器的
外形和外部接线

（5）焊接工具及防护用品。

①电焊钳。用于夹持电焊条并把焊接电流传输至焊条进行电弧焊的工具,如图 3-7 所示。

②焊接电缆线。用于传输电焊机和电焊钳及焊条之间焊接电流的导线。

③面罩。面罩是防止焊接时的飞溅、弧光及熔池和焊件的高温对焊工面部及颈部灼伤的一种遮蔽工具，有手持式和头戴式两种，如图 3-8 和图 3-9 所示。其正面开有长方形孔，内嵌白色玻璃和黑色滤光玻璃。

图 3-7　电焊钳

图 3-8　手持式电焊面罩

图 3-9　头戴式电焊面罩

④其他辅助工具。如敲渣锤、錾子、锉刀、钢丝刷、焊条烘干箱、焊条保温筒等。

（6）焊缝检测尺。焊缝检测尺用以测量焊前焊件的坡口角度、装配间隙、错边及焊后焊缝的余高、焊缝宽度和角焊缝焊脚的高度和厚度等。测量用法举例如图 3-10～图 3-15 所示。

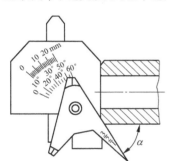

图 3-10　测量管子坡口角度

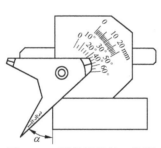

图 3-11　测量钢板坡口角度

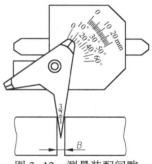

图 3-12　测量装配间隙

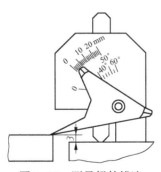

图 3-13　测量焊件错边

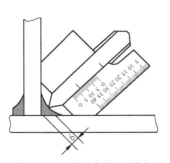

图 3-14　测量角焊缝厚度

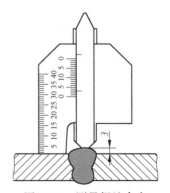

图 3-15　测量焊缝余高

2. 确定焊接工艺参数

（1）焊条直径。焊条直径的选择与下列因素有关：

①工件厚度。厚度较大的工件应选用直径较大的焊条；相反，则应选用直径较小的焊条。通常可参考表 3-1 进行选择。

表 3-1　焊条直径与焊件厚度的关系

焊件厚度（mm）	≤1.5	2	3	4~6	7~12	≥13
焊条直径（mm）	1.5	1.5~2	2~3.2	3.2~4	3.2~4	4~5

②焊缝空间位置。平焊位置选择的焊条直径可比其他位置大一些，而仰焊、横焊焊条直径应小些，一般不超过 4 mm；立焊最大不超过 5 mm，否则熔池金属容易下坠，甚至形成焊瘤。

③焊接层次。多层焊时第一层应采用小直径焊条，一般不超过 3.2 mm，以保证良好熔合。其他各焊层、焊缝位置选用比打底焊大一些的焊条直径。

（2）焊接电流。电流大小主要取决于焊条直径和焊缝空间位置，其次是工件厚度、接头形式、焊接层次等。

①焊条直径。焊条直径较小时，焊接电流也相应小；反之，焊条直径较大时，焊接电流也要相应增大。焊接电流可按下列经验公式选择：

$$I_h = 10d^2$$

式中　d——焊条直径，mm。

②焊接位置。在平焊位置时，运条及控制熔池中的熔化金属比较容易，可选择较大的焊接电流。横、立、仰焊位置时，为了避免熔池金属下淌，焊接电流应比平焊位置小 10%~20%。角接焊电流比平焊电流稍大些。

③焊接层次。通常打底焊接，特别是焊接单面焊双面成形的焊道时，使用的焊接电流要小，这样才便于操作和保证背面焊道的质量；填充焊道可以选择较大的焊接电流；而盖面焊道，为防止咬边，使用的电流可稍小些。

另外，碱性焊条选用的焊接电流比酸性焊条小 10% 左右。不锈钢焊条比碳钢焊条选用电流小 20% 左右。

本书中平敷焊焊接工艺参数见表 3-2。

表 3-2　平敷焊焊接工艺参数

焊接层次	焊条直径（mm）	焊接电流（A）	电弧电压（V）
平敷焊（打底）	3.2	100~120	22~24
平敷焊（盖面）	4.0	140~180	22~24

经验点滴

除了用电流表测量焊接电流外，在实际工作中，还可以凭经验从以下几方面来判断电流大小是否合适。

①听响声。焊接的时候可以从电弧的响声来判断电流的大小。当焊接电流较大时，发出"哗哗"的声响，犹如大河流水一样；当电流较小时，发出"沙沙"的声响，同时夹杂着清脆的"噼啪"声。

②观察飞溅状态。电流过大时,电弧吹力大,有较大颗粒的熔液向熔池外飞溅,且焊接时爆裂声大,焊件表面不干净;电流太小时,焊条熔化慢,电弧吹力小,熔渣和熔液很难分离。

③观察焊条熔化状况。电流过大时,在焊条连续熔掉大半根之后,可以发现剩余部分产生发红现象;焊接电流过小时,电弧燃烧不稳定,焊条易粘在焊件上。

④看熔池形状。当电流较大时,椭圆形熔池长轴较长;电流较小时熔池呈扁形;电流适中时,熔池的形状像鸭蛋形。

⑤检查焊缝成形状况。电流过大时,焊缝熔敷金属低,熔深大,易产生咬边;电流过小时,焊缝熔敷金属窄而高,且两侧与母材结合不良;电流适中时,焊缝熔敷金属高度适中,焊缝熔敷金属两侧与母材结合得很好。

3. 操作要点及注意事项

(1)平焊操作姿势。平焊时,一般采用蹲式操作,如图 3-16 所示。蹲姿要自然,两脚夹角为 70°~85°,两脚距离为 240~260 mm。持焊钳的胳膊半伸开,要悬空无依托地操作。

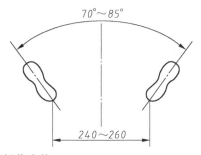

图 3-16　平焊操作姿势

(2)引弧。引弧操作时首先用防护面罩挡住面部,将焊条末端对准引弧处。焊条电弧焊采用接触法引弧,引弧方法有划擦法和直击法两种。

①划擦引弧法。先将焊条末端对准引弧处,然后像划火柴似的使焊条在焊件表面利用腕力轻轻划擦一下,划擦距离 10~20 mm,并将焊条提起 2~3 mm,如图 3-17(a)所示,电弧即可引燃。引燃电弧后,应保持电弧长度不超过所用焊条直径。

②直击引弧法。先将焊条垂直对准焊件待焊部位轻轻触击,并将焊条适时提起 2~3 mm,如图 3-17(b)所示,即引燃电弧。直击法引弧不能用力过大,否则容易将焊条引弧端药皮碰裂,甚至脱落,影响引弧和焊接。

引弧时,不得随意在焊件(母材)表面上"打火",尤其是高强度钢、低温钢、不锈钢。这是因为电弧擦伤部位容易引起淬硬或微裂,以及会降低不锈钢耐蚀性。所以引弧应在待焊部位或坡口内。

在引弧过程中,如果焊条与焊件黏在一起,通过晃动不能取下焊条时,应立即将焊钳与焊条脱离,待焊条冷却后,焊条就很容易扳下来。

(3)运条。运条一般分三个基本运动(见图 3-18),沿焊条中心线向熔池送进、沿焊接方向均匀移动、横向摆动。

焊条向熔池方向逐渐送进既是为了向熔池添加金属,也为了在焊条熔化后继续保持一定的电弧长度,因此焊条送进的速度应与焊条熔化的速度相同。否则,会导致断弧或焊条黏在焊件上。

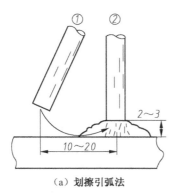

（a）划擦引弧法

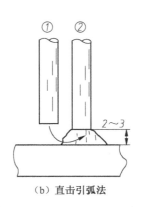

（b）直击引弧法

图 3-17　引弧的方法

　　焊条沿焊接方向移动随着焊条的不断熔化，逐渐形成一条焊道。若焊条移动速度太慢，则焊道会过高、过宽、外形不整齐，焊接薄板时会发生烧穿现象；若焊条的移动速度太快，则焊条与焊件会熔化不均匀，焊道较窄，甚至发生未焊透现象。焊条移动时应与前进方向成 70°~80° 的夹角，以使熔化金属和熔渣推向后方，否则熔渣流向电弧的前方，会造成夹渣等缺陷。

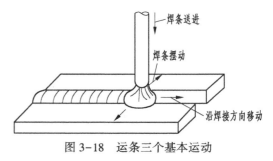

图 3-18　运条三个基本运动

　　焊条的横向摆动是为了对焊件输入足够的热量以便于排气、排渣，并获得一定宽度的焊缝或焊道。焊条摆动的范围根据焊件的厚度、坡口形式、焊缝层次和焊条直径等来决定。

　　上述三个动作不能机械地分开，而应相互协调，才能焊出满意的焊缝。

　　运条的方法很多，选用时应根据接头的形式、装配间隙、焊缝的空间位置、焊条的直径与性能、焊接电流及焊工技术水平等方面确定。常用的运条方法及适用范围参见表 3-3。

表 3-3　常用的运条方法及适用范围

运条方法	运条示意图	适用范围
直线形运条法		薄板对接平焊 多层焊的第一层焊道及多层多道焊
直线往返运条法		薄板焊 对接平焊（间隙较大）
锯齿形运条法		对接接头平、立、仰焊 角接接头立焊
月牙形运条法		管的焊接 对接接头平、立、仰焊 角接接头立焊

续表

运条方法		运条示意图	适用范围
三角形运条法	斜三角形		角接接头仰焊 开 V 形坡口对接接头横焊
	正三角形		角接接头立焊 对接接头
圆圈形运条法	斜圆圈形		角接接头平、仰焊 对接接头横焊
	正圆圈形		对接接头厚板件平焊
8 字形运条法			对接接头厚焊件平焊

（4）焊缝的起头、收尾和接头。

①焊缝的起头。焊缝的起头是焊缝的开始部分，由于焊件的温度很低，引弧后又不能迅速地使焊件温度升高，一般情况下这部分焊缝余高略高，熔深较浅，甚至会出现熔合不良和夹渣。因此引弧后应稍拉长电弧对工件预热，然后压低电弧进行正常焊接。平焊和碱性焊条多采用回焊法，从距离始焊点 10 mm 左右处引弧，回焊到始焊点，如图 3-19 所示，逐渐压低电弧，同时焊条做微微摆动，从而达到所需要的焊道宽度，然后进行正常的焊接。

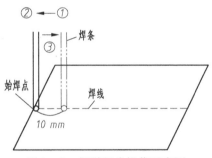

图 3-19　焊道起头操作示意图

②焊缝的收尾。焊缝结束时不能立即拉断电弧，否则会形成弧坑，如图 3-20 所示。弧坑不仅减少焊缝局部截面积而削弱强度，还会引起应力集中，而且弧坑处含氢量较高，易产生延迟裂纹，有些材料焊后在弧坑处还容易产生弧坑裂纹。所以焊缝应进行收尾处理，以保证连续的焊缝外形，维持正常的熔池温度，逐渐填满弧坑后熄弧。

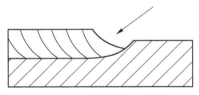

图 3-20　焊接弧坑示意图

收尾方法有反复断弧收尾法、划圈收尾法、回焊收尾法三种，如图 3-21 所示。

a. 反复断弧收尾法是焊至焊缝终端，在熄弧处反复进行点弧动作填满弧坑为止，该法不适用于碱性焊条。

b. 划圈收尾法是焊至焊缝终端时，焊条做圆圈形摆动，直到填满弧坑再拉断电弧，此法适用于厚板。

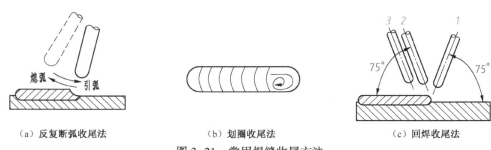

图 3-21　常用焊缝收尾方法

c. 回焊收尾法是焊至焊缝终端时在收弧处稍作停顿,然后改变焊条角度向后回焊 20~30 mm, 再将焊条拉向一侧熄弧,此法适用于碱性焊条。

③焊缝接头。由于焊条长度有限,不可能一次连续焊完长焊缝,因此出现接头问题。这不仅是外观成形问题,还涉及焊缝的内部质量,所以要重视焊缝的接头问题。焊缝的接头形式分为以下四种,如图 3-22 所示。

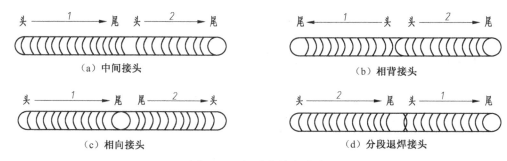

图 3-22　焊缝的接头形式
1—前焊缝;2—后焊缝

a. 中间接头。这是用得最多的一种,接头时在焊缝弧坑前约 10 mm 处引弧。电弧长度可稍大于正常焊接,然后将电弧拉到原弧坑 2~3 mm 处待填满弧坑后再向前转入正常焊接。此法适用于单层焊及多层多道焊的盖面层接头。

b. 相背接头。相背接头即两焊缝的起头相接。接头时要求前焊缝起头处略低些,在前焊缝起头前方引弧,并稍微拉长电弧运弧至起头处覆盖住前焊缝的起头,待焊平后再沿焊接方向移动。

c. 相向接头。接头时两焊缝的首尾相接,即后焊缝焊到前焊缝的收尾处,焊接速度略减慢些,填满前焊缝的弧坑后,再向前运弧,然后熄弧。

d. 分段退焊接头。接头时前焊缝起头和后焊缝首尾相接。接头形式与相向接头情况基本相同,只是前焊缝起头处应略低些。

4. 操作过程

(1)清除试件表面上的油污、锈蚀、水分及其他污物,直至露出金属光泽。

(2)在试件上以 20 mm 间距用石笔(或粉笔)画出焊缝位置线。

(3)引弧训练。

①引弧堆焊。首先在焊件的引弧位置用粉笔画直径 φ13 的一个圆,然后用直击引弧法在

圆圈内直击引弧。引弧后,保持适当电弧长度在圆圈内做划圈动作 2~3 次后灭弧。待熔化的金属凝固冷却后,再在其上面引弧堆焊,这样反复操作直到堆起高度为 50 mm 为止,如图3-23(a)所示。

②定点引弧。先在焊件上按图 3-23(b)所示用粉笔划线,然后在直线的交点处用划擦引弧法引弧。引弧后,焊成直径 $\phi13$ 的焊点后灭弧,这样不断重复操作完成若干个焊点的引弧练习。

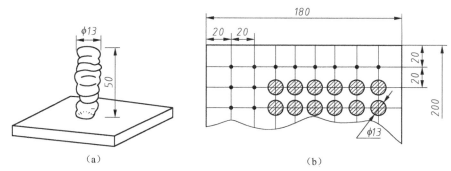

（a）　　　　　　　　　　　　（b）

图 3-23　引弧堆焊练习图示

引弧练习时,可以用 E4303(结 422) 和 E5015(结 507) 两种焊条,分别使用交流直流焊机引弧。注意酸性焊条和碱性焊条在使用焊接电流上的区别。

（4）用直径 $\phi3.2$ 和 $\phi4.0$ 焊条按焊接工艺参数,以焊缝位置线为运条轨迹,采用直线形运条法、月牙形运条法、正圆圈形运条法和 8 字形运条法练习,焊条角度按图 3-1 所示进行平敷焊缝焊接技能操作练习。

（5）进行焊缝的起头、接头、收尾的操作练习。

（6）每条焊缝焊完后,清理熔渣,分析焊接产生的现象和问题并总结经验,再进行另一道焊缝的焊接。

5. 焊接质量要求

（1）焊缝的起头和连接处平滑过渡,无局部过高现象,收尾处弧坑填满。

（2）焊缝表面焊波均匀、无明显未熔合和咬边,其咬边深度≤0.5 mm 为合格。

（3）焊缝边缘直线度在任意 300 mm 连续焊缝长度内≤3 mm。

（4）试件表面非焊道上不应有引弧痕迹。

课题 3-2　横　角　焊

学习目标及技能要求

- 能够合理地选择横角焊焊接工艺参数。
- 能够正确运用焊条角度焊接横角焊的单层焊、多层焊以及多层多道焊。

横角焊是在角接焊缝倾角 0° 或 180°、转角 45° 或 135° 的角接焊位置的焊接;船形焊是 V形、十字形和角接接头翻转 45°,使接头处于平焊位置的焊接。

横角焊时,一般焊条与两板成 45°,与焊接方向成 65°~80°。当两板板厚不等时,要相应地调整焊条角度,使电弧偏向厚板一侧,厚板所受热量增加,厚、薄两板受热趋于均匀,以保证接头良好的熔合并使焊脚高度和宽度相同。横角焊时焊条角度如图 3-24 所示。

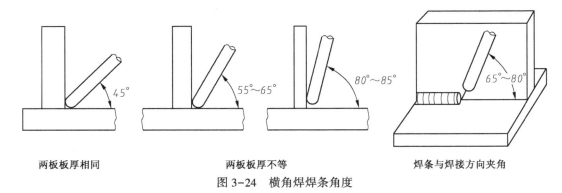

两板板厚相同　　　　　　　两板板厚不等　　　　　　焊条与焊接方向夹角

图 3-24　横角焊焊条角度

1. 焊前准备

(1)试件材料:Q235。

(2)试件尺寸:300 mm×110 mm×10 mm 一块,300 mm×50 mm×10 mm 两块,I 形坡口,如图 3-25 所示。

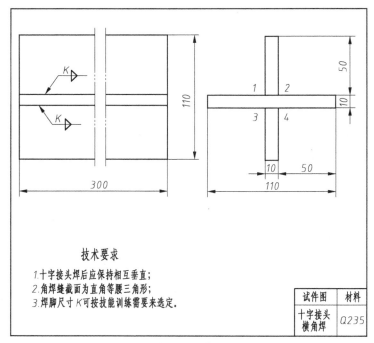

技术要求

1.十字接头焊后应保持相互垂直;

2.角焊缝截面为直角等腰三角形;

3.焊脚尺寸 K 可按技能训练需要来选定。

试件图	材料
十字接头横角焊	Q235

图 3-25　十字接头横角焊试件图

(3)焊接要求:多层多道焊,焊脚尺寸为 12 mm。

(4)焊接材料:E4303(结 422),焊条烘烤 75~150 ℃,并恒温 1~2 h,随用随取。

(5)焊接设备:BX3-350 型或 ZX7-400 型。

2. 试件装配

(1)清理试件坡口面与坡口正反面两侧各 20 mm 范围内的油污、锈蚀、水分及其他污物,直至露出金属光泽。

（2）装配间隙 0~2 mm。

（3）定位焊。定位焊采用与焊接试件相同牌号的焊条,定位焊的位置应在试件两端的对称处,将试件组焊成十字形接头,四条定位焊缝长度均为 10~15 mm。定位完毕矫正焊件,保证立板与平板间的垂直度。

3. 确定焊接工艺参数

I 形坡口横角焊焊接工艺参数选择见表 3-4。

表 3-4 I 形坡口横角焊焊接工艺参数

焊接层次		焊条直径（mm）	焊接电流（A）	运条方法
第一层（第一条焊道）		φ3.2	125~140	直线形运条法
第二层	第二条焊道	φ4.0	150~170	小锯齿形运条
	第三条焊道	φ3.2	110~120	小锯齿形运条

4. 焊接过程

横角焊时,由于立板熔化金属有下淌趋势,容易产生咬边和焊缝分布不均,造成焊脚不对称。操作时要注意立板的熔化情况和液体金属流动情况,适时调整焊条角度和焊条的运条方法。

焊接时,引弧的位置超前 10 mm,电弧燃烧稳定后,再回到起头处,如图 3-26 所示。由于电弧对起头处有预热作用,可以减少起头焊处熔合不良的缺陷,也能够消除引弧的痕迹。

横角焊过程如下。

1）第 1 层焊

本课题焊脚尺寸为 12 mm,采用两层三道焊法,如图 3-27 所示。

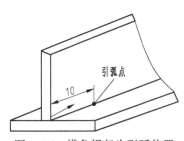

图 3-26 横角焊起头引弧位置

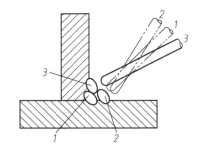

图 3-27 两层三道焊各焊道的焊条角度

第一道焊接时,用直径 φ3.2 mm 的焊条,电流稍大,采用直线形运条法,焊条角度如图 3-28 所示。收弧时填满弧坑,焊后彻底清渣。

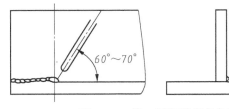

图 3-28 第一层焊道焊条角度

2）第二层焊接

焊接第二道时，应覆盖第一条焊道的 2/3，焊条与水平焊件夹角为 45°～50°，如图 3-29 所示，以使水平焊件能够较好地熔合焊道，焊条与焊接方向夹角仍为 65°～80°。运条时采用斜圆圈形或锯齿形运条法。

焊接第三道时，对第二条焊道覆盖 1/3～1/2，焊条与水平焊件的角度为 40°～45°，如图 3-29 所示，仍用直线形运条法。若希望焊道薄一些，可以采用直线往返运条法，通过运条焊道的焊接可将夹角处焊平整。最终整条焊缝应宽窄一致，平整圆滑，无咬边、夹渣和焊脚下偏等缺陷。

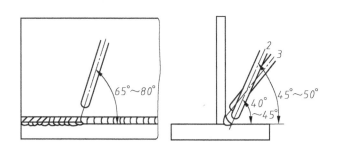

图 3-29　第二层焊道焊条角度

5. 焊接质量要求

（1）角焊缝的焊脚尺寸和焊缝厚度应符合工程设计技术要求，以保证结构焊接接头的强度。一般焊脚尺寸随焊件厚度的增大而增加。

（2）焊缝表面不得有裂纹、未熔合、夹渣、气孔、焊瘤和未焊透等缺陷。

（3）焊缝表面的咬边深度≤0.5 mm，两侧的咬边总长度不得超过焊缝长度的 10%。

（4）焊缝的凹度或凸度（见图 3-30）应小于 1.5 mm。

（5）焊脚应对称，其高宽差小于或等于 2 mm。

（6）焊件上非焊道处不得有引弧痕迹。

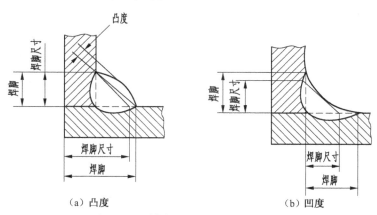

（a）凸度　　　　　　　　　（b）凹度

图 3-30　模角焊焊缝的凹度或凸度

课题 3-3　板材 V 形坡口对接平焊

学习目标及技能要求

· 能够合理地选择板材 V 形坡口对接平焊焊接工艺参数。

· 掌握 V 形坡口对接平焊单面焊双面成形的操作方法。

1. 焊前准备

(1)试件材料:Q235。

(2)试件尺寸:300 mm×200 mm×12 mm;坡口形式和尺寸,如图 3-31 所示。

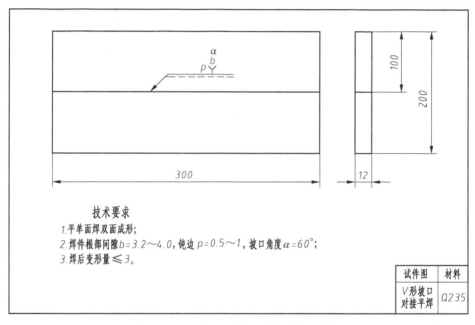

技术要求

1.平单面焊双面成形;

2.焊件根部间隙 *b*=3.2～4.0,钝边 *p*=0.5～1,坡口角度 *α*=60°;

3.焊后变形量≤3。

试件图	材料
V形坡口对接平焊	Q235

图 3-31　板材 V 形坡口对接平焊试件图

(3)焊接要求:单面焊双面成形。

(4)焊接材料:E4303(结 422),焊条烘烤 75～150 ℃,并恒温 1～2 h,随用随取。

(5)焊接设备:BX3-350 型或 ZX7-400 型。

2. 试件装配

(1)清理试件坡口面与坡口正反面两侧各 20 mm 范围内的油污、锈蚀、水分及其他污物,直至露出金属光泽,如图 3-32 所示。

(2)修磨钝边 0.5～1 mm,去除毛刺。

(3)装配间隙:始焊端为 3.2 mm,终焊端为 4 mm,如图 3-33 所示。放大终焊端的间隙是考虑焊接过程中焊缝横向收缩量,以保证熔透根部所需要的间隙,错边量≤0.5 mm。

图 3-32　焊件的清理

（4）定位焊。采用与试件相同型号的焊条,将修磨完毕的试板按装配间隙进行固定,在距离试件两端 20 mm 以内的坡口面内进行定位焊,焊缝长度 10~15 mm,如图 3-34 所示。始焊端可少焊,终焊端要多焊一些,以防止在焊接过程中焊缝收缩造成未焊段间隙变窄而影响施焊。

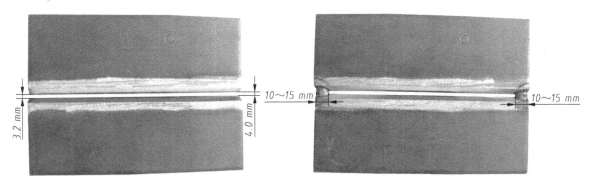

图 3-33　板试件装配间隙图　　　　　　　图 3-34　板试件定位焊缝图

（5）反变形。预留反变形量为 3°,如图 3-35 所示,反变形角度 θ 的对边高度 Δ 可按下面公式计算。

$$\Delta = b\sin \theta = 100\sin 3° = 5.23 \text{ mm}$$

预置反变形量方法:两手拿住点固完毕的试件一边,坡口面向下,在垫板上轻轻磕打另一块钢板,如图 3-36 所示。磕打后测量的方法如图 3-37 所示,若是预置过大,要把焊件翻过来磕打,直至尺寸符合要求。

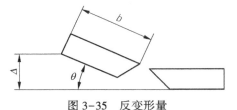

图 3-35　反变形量

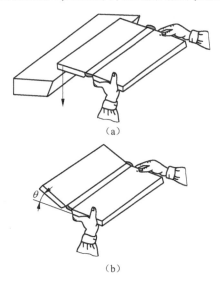

（a）

（b）

图 3-36　预留反变形量方法

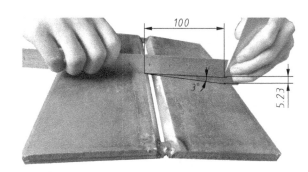

图 3-37　反变形的测量

经验点滴

①装配时可以用 φ3.2 mm 和 φ4.0 mm 焊条的夹持端夹在试件两端的间隙内,以保证装

配间隙。

②用一直尺搁在被置弯的试件两侧,中间的空隙能通过一根带药皮的焊条,如图 3-38 所示,板宽度 $b=100$ mm 时,放置直径 $\phi3.2$ mm 焊条;这样预置的反变形量待试件焊后其变形角 θ 均在合格范围内。

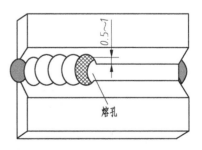

图 3-38　反变形量经验测定法

3. 确定焊接工艺参数

V 形坡口对接平焊焊接工艺参数的选择见表 3-5。

表 3-5　V 形坡口对接平焊焊接工艺参数

焊接层次	焊条直径(mm)	焊接电流(A)	运条方法
打底层(1)	3.2	95~110	单点击穿灭弧法
填充层(2、3)	4.0	160~170	锯齿形运条法
盖面层(4)		140~160	锯齿形运条法

4. 焊接过程

板材 V 形坡口对接平焊过程如下。

1)打底层

打底层的焊条角度如图 3-39 所示。具体操作如下:

①引弧。在始端的定位焊缝处引弧,并略抬高电弧稍作预热,焊至定位焊缝尾部时,将焊条向下压一下,听到"噗"的一声后,立即灭弧。此时看到熔池前方应有熔孔,熔孔的轮廓由熔池边缘和坡口两侧被熔化的缺口构成,深入两侧母材 0.5~1 mm,如图 3-40 所示。当熔池边缘变成暗红,熔池中间仍处于熔隔状态时,立即在熔池的中间引燃电弧,焊条略向下轻微地压一下,形成熔池,打开熔孔后立即灭弧,这样反复击穿直到焊完。运条间距要均匀准确,使电弧的 2/3 压住熔池,1/3 作用在熔池前方,用来熔化和击穿坡口根部形成熔池。

图 3-39　打底层焊条角度

图 3-40　板材 V 形坡口对接平焊时的熔孔

②收弧。收弧前,应在熔池前方做一个熔孔,然后回焊 10 mm 左右,再灭弧;向熔池的根部送进 2~3 滴熔液,然后灭弧,以使熔池缓慢冷却,避免接头出现冷缩孔。

③接头。采用热接法,接头时换焊条的速度要快,在收弧熔池还没有完全冷却时,立即在熔池后 10~15 mm 处引弧。当电弧移至收弧熔池边缘时,将焊条向下压,听到"噗"一声击穿

的声音,稍作停顿,再给两滴液体金属,以保证接头过渡平整,防止形成冷却孔,然后转入正常灭弧焊法。

更换焊条时的电弧轨迹如图 3-41 所示。电弧在①的位置重新引弧,沿焊道接头处②的位置,作长弧预热来回摆动。摆动几下(③④⑤⑥)之后,在⑦的位置压低电弧。当出现熔孔并听到"噗噗"声时,迅速灭弧。这时更换焊条的接头操作结束,转入正常灭弧焊法。

灭弧焊法要求每一个熔滴都要准确送到预焊位置,燃、灭弧节奏控制在 45～55 次/分钟。节奏过快,坡口根部熔不透;节奏过慢,熔池温度过高,焊件背后焊缝会超高,甚至出现焊瘤和烧穿现象。要求每形成一个熔池都要在其前面出现一个熔孔。

在距离右侧定位焊缝 4 mm 时,要做好收弧准备,待最后一个熔孔完成后不要立即熄灭电弧,而是要沿着定位焊缝采用连弧法焊接到最右端,这样能保证打底焊背面与右侧定位焊缝的接头良好。

打底焊背面焊缝如图 3-42 所示。

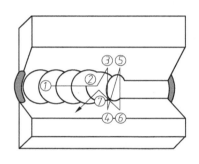

图 3-41　更换焊条时的电弧轨迹

图 3-42　打底焊背面焊缝

2)填充层

填充层分两层进行焊接。填充焊前应对前一层焊缝仔细清渣,特别是前一层焊缝和坡口面的夹角处。填充焊的运条方法为锯齿形运条法,焊条与试件的角度,如图 3-43 和图 3-44 所示。填充焊时应注意以下几点:

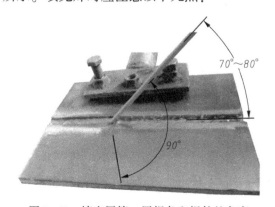

图 3-43　填充层第一层焊条和焊件的角度

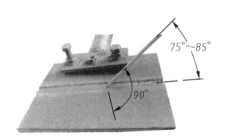

图 3-44　填充层第二层焊条角度

①摆动到两侧坡口处应稍作停留,保证两侧有一定的熔深,并使填充焊道略向下凹。

②接头方法如图 3-45 所示，焊缝接头应错开，每焊一层应改变焊接方向，从试件的另一端起焊，并采用锯齿形运条法，各层间熔渣要认真清理，并控制层间温度。

③最后一层的焊缝高度应低于母材 0.5~1.0 mm，要注意不能熔化坡口两侧的棱边，最好呈凹形，以便于盖面焊时控制焊缝宽度和焊缝高度。

3）盖面层

盖面焊焊接电流应稍小一点，要使熔池形状和大小保持均匀一致，焊条与焊接方向夹角保持 75°~85°，如图 3-46 所示。采用锯齿形运条法，焊条摆动到坡口边缘时应稍作停顿，以免产生咬边。

更换焊条收弧时应对熔池稍填熔滴，迅速更换焊条，并在弧坑前 10 mm 左右处引弧，然后将电弧退至弧坑的 2/3 处，填满弧坑后进行正常焊接。接头时应注意，若接头位置偏后，则接头部位焊缝过高；若偏前，则焊道脱节。焊接时应注意保证熔池边缘不得超过表面坡口棱边 2 mm，否则会导致焊道超宽。盖面层的收弧采用画圈法和灭弧焊法，最后填满弧坑使焊缝平滑过渡，盖面焊焊缝如图 3-47 所示。

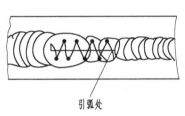

图 3-45　填充层接头方法

图 3-46　盖面层焊条角度

图 3-47　盖面焊焊缝

5. 焊接质量要求

V 形坡口对接平焊焊接质量要求如下：

（1）试件外观检查及评分标准见表 3-6。

（2）X 射线检验：X 射线检验参照 JB 4730《压力容器无损检测》标准进行检测，射线透照质量不应低于 AB 级，焊缝缺陷等级不低于 II 级为合格。

（3）弯曲试验：在焊件横向截取面弯、背弯试样各一件，冷弯角一般为 90°或 180°（根据焊件材质不同而不同）。拉伸面上不出现长度大于 3 mm 的裂纹或缺陷，试件的两个弯曲试样试验结果均合格时，弯曲试验为合格。

（4）焊件上非焊道处不得有引弧痕迹。

表 3-6　V 形坡口板对接焊考核配分及评分标准

序号	检查项目	标准、分数	焊缝等级			
			I	II	III	IV
1	正面焊缝余高	标准（mm）	0~3	>3，≤4	>4，≤5	>5，<0
		分数	10	6	4	0

续表

序号	检查项目	标准、分数	焊　缝　等　级			
			I	II	III	IV
2	正面焊缝高低差	标准（mm）	≤1	>1，≤2	>2，≤3	>3
		分数	10	6	4	0
3	正面焊缝宽度	标准（mm）	>17，≤20	>16，≤21	>15，≤22	<15，>22
		分数	10	6	4	0
4	正面焊缝宽窄差	标准（mm）	≤1.5	>1.5，≤2	>2，≤3	>3
		分数	10	6	4	0
5	咬边	标准（mm）	0	深度≤0.5 mm 且累计长度 ≤15 mm	深度≤0.5 mm 且30 mm≥累计 长度>15 mm	深度>0.5 mm， 或累计长度 >30 mm
		分数	10	6	4	0
6	未焊透	标准（mm）	0	深度≤0.5 mm 且累计长度 ≤15 mm	深度≤0.5 mm 且30 mm≥累计 长度>15 mm	深度>0.5 mm， 或累计长度 >30 mm
		分数	10	6	4	0
7	根部凸出	标准（mm）	≤1	>1，≤2	>2，≤3	>3
		分数	10	6	4	0
8	根部凹陷	标准（mm）	0	深度≤0.5 mm 且累计长度 ≤15 mm	深度≤0.5 mm 且30 mm≥累计 长度>15 mm	深度>0.5 mm， 或累计长度 >30 mm
		分数	10	6	4	0
9	错边量	标准（mm）	0	≤0.7	>0.7，≤1.2	>1.2
		分数	10	6	4	0
10	角变形量	标准（mm）	0~1	1~3	3~5	>5
		分数	10	6	4	0
11	焊缝表面状态	焊缝表面是原始状态，不允许有加工或补焊、返修焊	如出现这两种情况，焊件按不及格论			
		焊缝表面不得有裂纹、未熔合、夹渣、气孔、焊瘤等缺陷				
12	工作服和劳保用品穿戴整齐；焊接中不伤及工作台；纪律保持良好；服从监考人员安排；工位卫生打扫到位	根据现场记录，视情况扣1~10分				
13	时限		超5 min 小于10 min 者扣5分，超10 min 按不及格论			

课题 3-4　板材 V 形坡口对接横焊

学习目标及技能要求

· 掌握 V 形坡口对接横焊单面焊双面成形的操作方法。

1. 焊前准备

(1)试件材料:Q235。

(2)试件尺寸:300 mm×200 mm×12 mm,坡口形式和尺寸,如图 3-48 所示。

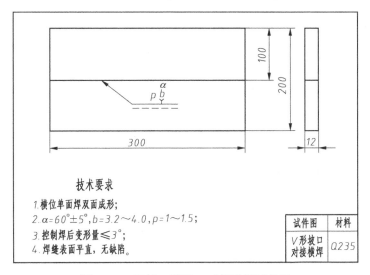

技术要求

1. 横位单面焊双面成形;
2. α=60°±5°,b=3.2~4.0,p=1~1.5;
3. 控制焊后变形量≤3°;
4. 焊缝表面平直,无缺陷。

试件图	材料
V 形坡口对接横焊	Q235

图 3-48　板材 V 形坡口对接横焊试件图

(3)焊接要求:单面焊双面成形。

(4)焊接材料:E5015 型焊条烘烤 350~400 ℃,并恒温 1~2 h,随用随取。

(5)焊接设备:ZX5-400 型或 ZX7-400 型。

2. 试件装配

(1)修磨钝边 1~1.5 mm,去除毛刺。

(2)焊前清理。清理试件坡口面与坡口正反面两侧各 20 mm 范围内的油污、锈蚀、水分及其他污物,直至露出金属光泽。

(3)装配始焊端间隙为 3.2 mm,终焊端为 4.0 mm,错边量≤0.5 mm。

(4)定位焊。采用与焊接试件相同牌号的焊条,在试件坡口内距两端 20 mm 之内定位焊,焊缝长度为 10~15 mm,并将试件固定在焊接支架上,使焊接坡口处于水平位置。始焊端处于左侧,坡口上边缘与焊工视线平齐。

(5)预置反变形量为 5°,方法如图 3-49 所示。

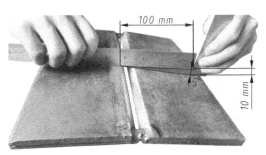

图 3-49　V 形坡口对接横焊预置反变形

3. 焊接工艺参数

V形坡口对接横焊焊接工艺参数选择见表3-7。

表3-7 V形坡口对接横焊焊接工艺参数

焊接层次/焊道	焊条直径(mm)	焊接电流(A)	运条方法(V)
打底层 第一层(1)	3.2	100~120	单点击穿运条法
填充层 第二层(2、3) 第三层(4、5、6)	4.0	140~160	直线形运条法
盖面层 第四层(7、8、9、10)	4.0	130~150	直线形运条法

4. 焊接过程

板材V形坡口对接横焊焊接过程如下。

1)打底焊

第一层打底焊采用单点灭弧击穿法,焊条角度如图3-50所示。首先在定位焊前引弧,随后将电弧拉至定位焊点的尾部预热,当坡口钝边即将熔化时,将熔滴送至坡口根部,并压一下电弧,从而使熔化的部分定位焊缝和坡口钝边熔合成第一个熔池。当听到背面有电弧的击穿声时,立即灭弧,这时就形成明显的熔孔。当熔池边缘变成暗红,熔池中间仍处于熔隔状态时,立即在熔池的中间引燃电弧,焊条略向下轻微地压一下,形成熔池,打开熔孔后立即灭弧,这样依次反复击穿灭弧焊。运条间距要均匀准确,使电弧的2/3压住熔池,1/3作用在熔池前方,用来熔化和击穿坡口根部形成熔池。

灭弧时,焊条向后下方动作要快速、干净利落。从灭弧转入引弧时,焊条要接近熔池,待熔池温度下降、颜色由亮变暗时,迅速而准确地在原熔池上引弧焊接片刻,再马上灭弧。如此反复地引弧—焊接—灭弧—引弧。

在更换焊条灭弧前,必须向背面补充几滴熔滴,以防止背面出现冷缩孔。然后将电弧拉至熔池的侧后方灭弧。接头时,在原熔池后面10~15 mm处引弧,焊至接头处稍拉长电弧,借助电弧的吹力和热量重新击穿钝边,然后压低电弧并稍作停顿,形成新的熔池后,再转入正常的往复击穿焊接。

打底焊焊缝如图3-51和图3-52所示。

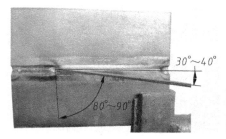  

图3-50 打底焊焊条角度　　　图3-51 打底焊背面焊缝　　　图3-52 打底焊正面焊缝

2）填充层焊接

填充层的焊接采用多层多道（共两层，第一层分两道完成，第二层分三道完成）焊接。层次及焊道次序，见表3-8。每道焊道均采用直线形运条，焊条前倾角为80°～85°，下倾角根据坡口上下侧与打底焊道间夹角处熔化情况进行调整（各焊道具体焊条角度见图3-53至图3-57），防止产生未焊透及夹渣等缺陷，并且使上焊道覆盖下焊道1/2～2/3，防止焊层过高或形成沟槽。

图3-53 填充层（1）

图3-54 填充层（2）

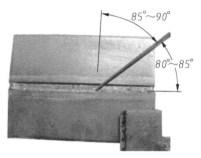
图3-55 填充层（3）

3）盖面层焊

盖面层焊接采用多道焊（分四道），各焊道焊条角度如图3-58～图3-61所示。上、边缘焊道施焊时，运条应稍快些，焊道尽可能细、薄一些，这样有利于盖面焊缝与母材圆滑过渡。盖面焊缝的实际宽度以上、下坡口边缘各熔化0.5～1 mm为宜。如果焊件较厚，焊缝较宽时，盖面焊缝也可以采用大斜圆圈形运条法焊接，一次盖面成形。

盖面焊焊缝，如图3-62所示。

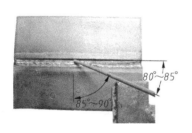
图3-56 填充层（5）

图3-57 填充层（6）

图3-58 盖面层第一道

图3-59 盖面层第二道

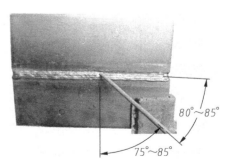
图3-60 盖面层第三道

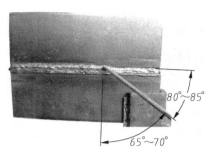

图 3-61 盖面层第四道

图 3-62 盖面焊焊缝

课题 3-5 板材 V 形坡口对接立焊

学习目标及技能要求

·掌握 V 形坡口对接立焊单面焊双面成形的操作方法。

1. 焊前准备

(1)试件材料:Q235。

(2)试件尺寸:300 mm×200 mm×12 mm,坡口形式和尺寸,如图 3-63 所示。

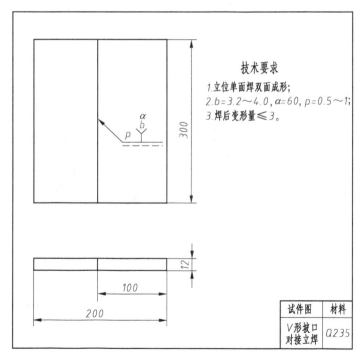

图 3-63 板材 V 形坡口对接立焊试件图

(3)焊接要求:单面焊双面成形。

(4)焊接材料:E4303 或 E5015。

（5）焊接设备：BX3-350 型或 ZX7-400 型。

2. 试件装配

（1）修磨钝边 0.5~1 mm，去除毛刷。

（2）清理试件坡口面与坡口正反面两侧各 20 mm 范围内的油污、锈蚀、水分及其他污物，直至露出金属光泽。

（3）装配始焊端间隙为 3.2 mm，终焊端为 4.0 mm，错边量≤0.5 mm。

（4）定位焊采用与焊接试件相同的焊条，在试件坡口面内距两端 20 mm 之内进行，焊缝长度为 10~15 mm，并将试件固定在焊接夹具上。

（5）预置反变形量为 3°~4°。

3. 确定焊接工艺参数

V 形坡口对接立焊焊接工艺参数选择见表 3-8。

表 3-8　V 形坡口对接立焊焊接工艺参数

焊接层次	焊条直径（mm）	焊接电流（A）	运条方法
打底层（1）	3.2	100~120	单点击穿灭弧法
填充层（2、3）	4.0	110~130	反月牙形运条法
盖面层（4）	4.0	100~120	锯齿形运条法

4. 焊接过程

板材 V 形坡口对接立焊过程。

1）打底层焊接

采用灭弧法进行打底焊，打底焊时焊条角度如图 3-64 所示。电弧引燃后迅速将电弧拉至定位焊缝上，长弧预热 2~3 s 后，压向坡口根部，当听到击穿声后，即向坡口根部两侧做小幅度的摆动，形成第一个熔孔，坡口根部两边熔化 0.5~1 mm。

当第一个熔孔形成后，立即熄弧，熄弧试件应视熔池液态金属凝固的状态而定，当液态金属的颜色由亮变暗时，立即送入焊条施焊约 0.8 s，进而形成第二个熔池。依次重复操作直至焊完打底焊道。

换焊条接头时，在熔孔上方 10 mm 位置引弧，将电弧拉至接头处稍加预热，迅速压向熔孔，当听到"噗噗"声后，立即抬弧，转入正常灭弧打底焊。

打底层焊接要掌握两个要点：

①电弧燃烧和熄灭的时间。

②焊条的落弧点位置，要处在上一个熔池的前 1/3 处，让熔池重合 2/3，电弧有 1/3 是在焊缝背面的。打底焊焊缝背面如图 3-65 所示。

2）填充层焊接

填充焊时，应对打底层焊道的熔渣及飞溅物仔细清理，并特别注意打底焊缝和坡口面处的死角的焊渣清理。

填充层焊条角度，如图 3-66 和图 3-67 所示。

填充焊时，在距离焊缝始端 10 mm 处引弧后，将电弧拉回到始焊端，为了防止填充层形成凸形焊缝，采用反月牙形运条法横向摆动运条进行施焊，如图 3-68 所示。每次都应按此法操作,并注意焊缝两边的停留,避免焊道两边出现未熔合。

最后一层填充层的厚度,应使其比母材表面低 1~1.5 mm,且应呈凹形,不得熔化坡口棱边,以利于盖面层保持平直。

图 3-64　打底焊焊条角度

图 3-65　打底焊背面焊缝

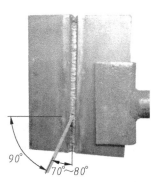

图 3-66　填充焊第一层焊条角度

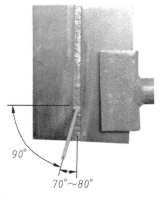

图 3-67　填充焊第二层焊条角度

图 3-68　填充焊使用的反月牙形运条方法

3）盖面层焊接

盖面焊时焊条角度如图 3-69 所示。

盖面焊时,焊接电弧要控制短些,焊条摆动的幅度比填充焊时大些,运条速度要均匀一致,向上运条时的间距力求相等,使每个新熔池覆盖前一个熔池的 2/3~3/4。焊条摆动到坡口边缘时,要稍作停留(见图 3-70),始终控制电弧熔化棱边 1 mm 左右,保持熔池对坡口边缘的良好熔合,可有效地获得宽度一致的平直焊缝,如图 3-71 所示。

焊接时要合理地运用焊条的摆动幅度和频率,并控制焊条上移的速度,掌握熔池温度和形状的变化。如发现椭圆形熔池的下部边缘由比较平直的轮廓逐渐鼓起变圆时,说明熔池温度稍高或过高,应立即灭弧、降温以避免产生焊瘤,待熔池瞬时冷却后,可在熔池处重新引弧继续焊接。

更换焊条前收弧时,应对熔池添加熔滴,迅速更换焊条后,再在弧坑上方 10 mm 左右的填充层焊缝金属上引弧,并拉至原弧坑处稍加预热,当熔池出现熔化状态时,逐渐将电弧压向弧坑,使新形成的熔池边缘与弧坑边缘吻合,转入正常的锯齿形运条,直至完成盖面焊接。

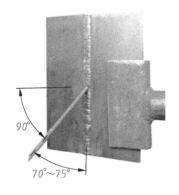
图 3-69　盖面焊焊条角度

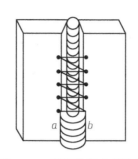
图 3-70　锯齿形摆动两边停

图 3-71　盖面焊焊缝

课题 3-6　板材 V 形坡口对接仰焊

学习目标及技能要求

·掌握 V 形坡口对接仰焊单面焊双面成形的操作方法。

1. 焊前准备

（1）试件材料：Q235。

（2）试件尺寸：300 mm×100 mm×12 mm；坡口形式及尺寸，如图 3-72 所示。

（3）焊接要求：单面焊双面成形。

（4）焊接材料：E5015，焊条烘烤 350~400 ℃，并恒温 1~2 h，随用随取。

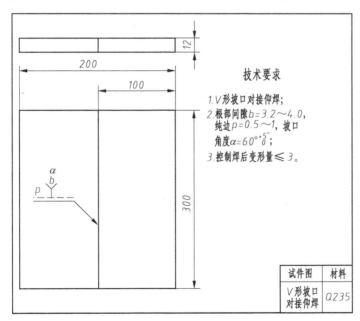
图 3-72　板材 V 形坡口对接仰焊试件图

（5）焊接设备：ZX5-400 型或 ZX7-400 型。

2. 试件装配

（1）修磨钝边 0.5～1 mm，去除毛刺。

（2）焊前清理。清理试件坡口面及坡口正反面两侧各 20 mm 范围内的油污、锈蚀、水分及其他污物，直至露出金属光泽。

（3）装配始端间隙为 3.2 mm，终端为 4.0 mm，错边量≤0.5 mm。

（4）定位焊采用与焊接试件相同的焊条，在试件反面距两端 20 mm 之内进行，焊缝长度为 10～15 mm，并将试件固定在焊接支架上。

（5）预置反变形 3°～4°。

3. 确定焊接工艺参数

V 形坡口对接仰焊焊接工艺参数选择见表 3-9。

表 3-9　V 形坡口对接仰焊焊接工艺参数

焊接层次	焊条直径（mm）	焊接电流（A）	运条方法	电源种类和极性
打底层（1）	3.2	110～120	单点击穿灭弧法	直流正接
填充层（2、3）	4.0	130～150	锯齿形运条法	直流反接
盖面层（4）	4.0	130～140	锯齿形运条法	直流反接

4. 焊接过程

板材 V 形坡口对接仰焊过程。

1）打底层焊接

将焊件固定在距离地面 800～900 mm 的高度。打底焊采用直流正接，焊条角度如图 3-73 所示。

打底焊时，在定位焊缝处引弧，然后焊条在始焊部位坡口内快速横向摆动，当焊至定位焊缝尾部时，稍作预热后将焊条向上顶一下，听到"噗噗"声时，表明坡口根部已被熔透，第一个熔池已形成，并使熔池前方形成向坡口两侧各深入 0.5～1 mm 的熔孔，然后焊条向斜下方灭弧。为控制熔池温度，要观察熔池颜色，当颜色由明稍变暗时，再重新引弧形成熔孔后再熄弧，如此不断地使每一个形成的新熔池覆盖前一熔池的 1/2～2/3。

焊接过程中，灭弧与接弧时间要短，灭弧频率为 40～50 次/min，每次接弧位置要准确，焊条中心对准熔池前端与母材的交界处。

更换焊条前，应在熔池前方做一熔孔，然后回带 10 mm 左右再熄弧，并使其形成斜坡。迅速更换焊条后，在弧坑后面 10～15 mm 的坡口内的斜坡上引弧，此时不灭电弧运条到弧坑根部时，在收弧时形成的熔孔的前方边沿向上顶一下，听到"噗噗"声后稍作停顿，在熔池中部斜下方灭弧，随即恢复原来的灭弧手法焊接。打底焊焊缝背面，如图 3-74 所示。

2）填充层焊接

填充层分两层施焊。

填充焊前，应将打底层熔渣、飞溅物彻底清除干净，焊瘤应铲平或用电弧割掉，在距离试件始端约 10 mm 处引弧，然后将电弧拉回起始端施焊（每次接头都应如此）。采用短弧锯齿形运条法施焊，焊条角度如图 3-75 和图 3-76 所示。当运条至坡口两侧时应稍停、稳弧，中间摆动速度要尽量快,以形成较平的焊道,保证让熔池呈椭圆形,大小一致,防止形成凸形焊道。

第二层填充焊时,要注意不得熔化坡口边缘,并且通过运条控制形成中间凹形的焊道。焊完的填充层应比焊件表面低 1mm 左右,若有凸凹不平处应补平,以便进行盖面焊焊接时易于控制焊缝的平直度。

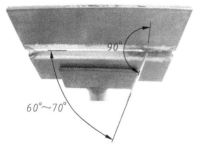

图 3-73　打底焊焊条角度

图 3-74　打底焊焊缝背面

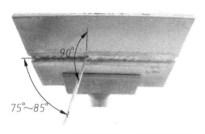

图 3-75　填充焊第一层焊条角度

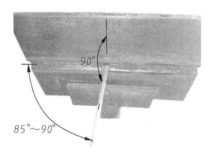

图 3-76　填充焊第二层焊条角度

3)盖面层焊接

盖面层焊接前需仔细清理熔渣及飞溅物。焊接时可采用短弧、月牙形或锯齿形运条法运条。焊条如图 3-77 所示,焊条摆动时,中间稍快,到坡口边缘时稍作停顿,以坡口两侧熔化1~1.5 mm 为准,防止咬边。保持熔池外形平直,如有凸形出现,可使焊条在坡口两侧停留时间稍长一些,必要时可进行灭弧,以保证焊缝成形均匀平整,如图 3-78 所示。

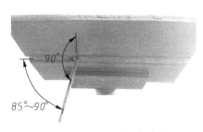

图 3-77　盖面层焊条角度

图 3-78　盖面层焊缝

更换焊条时采用热接法。更换焊条前,应对熔池填充几滴熔滴金属,迅速更换焊条后,在弧坑前 10 mm 左右处引弧,再把电弧拉到弧坑处划一小圆圈,使弧坑重新熔化,随后转入正常焊接。

课题 3-7　管材对接水平固定焊

学习目标及技能要求

·掌握管材对接水平固定焊焊接操作技术。

·了解水平固定管定位焊的方法。

1. 焊前准备

(1)试件材料:20 钢管。

(2)试件尺寸:$\phi 57$ mm×4 mm,$L=100$ mm。坡口形式及尺寸,如图 3-79 所示。

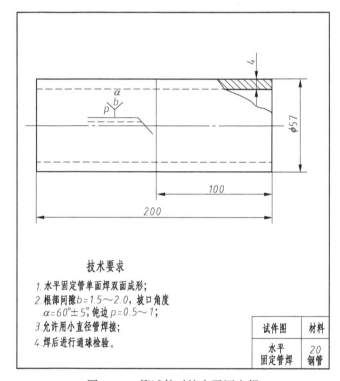

技术要求

1. 水平固定管单面焊双面成形;
2. 根部间隙 $b=1.5\sim2.0$,坡口角度 $\alpha=60°\pm5°$,钝边 $p=0.5\sim1$;
3. 允许用小直径管焊接;
4. 焊后进行通球检验。

试件图	材料
水平固定管焊	20钢管

图 3-79　管试件对接水平固定焊

(3)焊接材料:E4303,焊条烘烤温度 100~150 ℃,恒温 1~2 h,随用随取。

(4)焊接设备:BX3-300 型或 ZX5-400 型。

2. 试件装配

(1)钝边 0.5~1 mm,去除毛刺。错边量≤0.5 mm。

(2)清理坡口及其两侧内(内表面使用内磨机清理)、外表面各 20 mm 范围内的油污、锈蚀、水分及其他污物,直至露出金属光泽。

(3)装配间隙为 1.5~2.0 mm,上部(平焊位)为 2.0 mm,下部(仰焊位)为 1.5 mm。放大上半部间隙作为焊接时焊缝的收缩量,如图 3-80 所示。

(4)定位焊。在试件上半部在时钟 10 点和 2 点的位置进行定位焊,如图 3-81 所示。

采用与试件相同牌号的焊条,焊缝长度约 10 mm。要求焊透,并不得有气孔、夹渣、未焊透等缺陷。焊点两端修磨成斜坡,以利于接头。特殊情况可以采用连接块点固试件,如采用钢板制作"卡马"点焊在两根管子上(见图 3-82)。根据管径不同,"卡马"的数量也不一样,焊接时需逐个将"卡马"割掉。

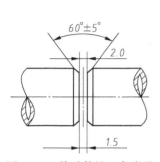

图 3-80　管试件坡口角度及
装配间隙示意图

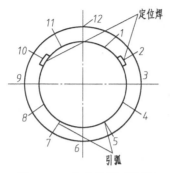

图 3-81　小直径管对接焊
定位焊示意图

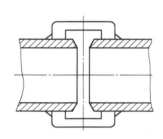

图 3-82　连接块固定管示意图

3. 确定焊接工艺参数

管材对接水平固定焊焊接工艺参数见表 3-10。

表 3-10　管材对接水平固定焊焊接工艺参数

焊接层次	焊条直径(mm)	焊接电流(A)	运条方法
打底焊(1)	2.5	75~85	单点击穿灭弧法
盖面焊(2)	2.5	70~80	锯齿形或月牙形运条法

4. 焊接过程

水平固定管的焊接常从管子仰位开始分两半周焊接。为便于叙述,将试件按时钟面分成个相同的半周进行焊接,如图 3-83 所示。先按顺时针方向焊前半周,称前半圈;再按逆时针方向焊后半周,称后半圈。

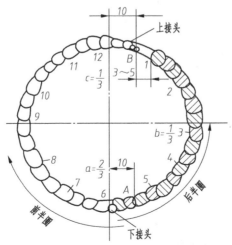

图 3-83　水平固定管的焊接顺序

管材对接水平固定焊焊接过程。

1)打底层焊

为了使坡口根部焊透,这里采用单点击穿灭弧法进行打底焊。

焊接时,焊条角度应随焊接位置的不断变化而随时调整,在仰焊、斜仰焊区段,焊条与管子切线的夹角应由 80°~85°变化为 100°~105°,如图 3-84 所示。随着焊接向上进行,在立焊区段为 90°。当焊至斜平焊、平焊区段,倾角由 85°~90°变化为 80°~85°,如图 3-85 所示。

如图 3-83 所示,先焊前半圈时,起焊和收弧部位都要超过管子垂直中心线 10 mm,以便于焊接后半圈时接头。

前半圈焊接从仰位靠近后半圈约 5 mm 处引弧,预热 1.5~2 s,使坡口两侧接近熔化状态,立即压低电弧进行搭桥焊接,使弧柱透过内壁熔化并击穿坡口根部,听到背面电弧的击穿声,立即熄弧,形成第一个熔池。当熔池降温,颜色变暗时,再压低电弧向上顶,形成第二个熔池,如此反复均匀地点射送给熔滴,并控制熔池之间的搭接量,向前施焊。这样逐步地将钝边熔透,使背面成形均匀,直至将前半圈焊完。

后半圈的操作方法与前半圈相似,但是要进行仰位和平位的两处接头。

仰焊位(下方)的接头。当接头处没有焊出斜坡时,可用磨光机打磨成斜坡,从 6 点处引弧时,以较慢速度和连弧方式焊至 A 点,把斜坡焊满,当焊至接头末端 A 点时,焊条向上顶,使电弧穿透坡口根部,并有"噗噗"声后,恢复原来的正常操作手法。

平焊位(上方)的接头　当前半圈没有焊出斜坡时,应修磨出斜坡。当运条到距 B 点 3~5 mm 时,应压低电弧,将焊条向里压一下,听到电弧穿透坡口根部发出"噗噗"声后,在接头处来回摆动几下,保证充分熔合,填满弧坑,然后引弧到坡口一侧熄弧。

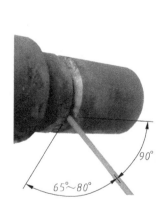

图 3-84　斜仰位打底焊焊条角度

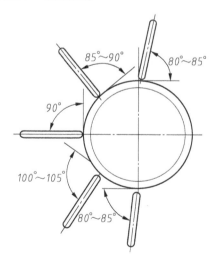

图 3-85　水平固定管焊条角度

2)盖面层焊

清除打底焊熔渣及飞溅物,修理局部凸起接头。在打底焊道上引弧,采用月牙形或横向锯齿形运条法焊接。焊条角度比相同位置打底焊大 5°左右,如图 3-86 所示。焊条摆动到坡口两侧时,要稍作停留,并熔化两侧坡口边缘各 1~1.5 mm,并严格控制弧长,即可获得宽窄一致,波纹均匀地焊缝成形,如图 3-87 所示。

前半圈收弧时,对弧坑少填一些液体金属,使弧坑呈斜坡状,以利于后半圈接头;在焊后半圈焊前,需将前半圈两端接头部位渣壳去除约 10 mm,最好采用砂轮打磨成斜坡。

盖面层焊接前后两半圈的操作要领基本相同,注意收口时要填满弧坑。

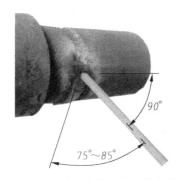

图 3-86　斜仰位盖面焊焊条角度

图 3-87　盖面焊焊缝

5. 焊接质量要求

(1)试件检验项目及检查数量:外观检查 3 件;断口检验 2 件;弯曲试验面弯和背弯各 1 件,并进行通球检查。

(2)焊缝表面不得有裂纹、未熔合、夹渣、气孔、焊瘤或未焊透。

(3)焊缝与母材圆滑过渡,咬边深度 ≤0.5 mm,焊缝两侧咬边总长度不得超过焊缝长度的 10%。焊缝宽度比坡口每侧增宽 0.5~2.5 mm,焊缝宽度差 ≤3 mm,焊缝余高 0~4 mm,余高差 ≤3 mm,背面凹坑小于 25% 壁厚,且小于 1 mm。外观检查及评分标准见表 3-11。

(4)通球检验,检验球直径为 85% 管内径,通过为合格。

(5)断口检验合格标准:

①断面上没有裂纹和未熔合。

②背面凹坑深度小于 25% 壁厚且小于 1 mm。

③单个气孔沿径向长度不大于 30% 壁厚,小于 1.5 mm;沿轴向长度不大于 2 mm。

④单个夹渣沿径向长度不大于 25% 壁厚,小于 1 mm;沿轴向长度不大于 30% 壁厚,小于 1.2 mm。

表 3-11　V 形坡口管对接焊考核配分及评分标准

序号	检查项目	标准、分数	焊 缝 等 级			
			Ⅰ	Ⅱ	Ⅲ	Ⅳ
1	正面焊缝余高	标准(mm)	0-3	>3,≤4	大于 4,≤5	>5,<0
		分数	10	6	4	0
2	正面焊缝高低差	标准(mm)	≤0.5	>0.5,≤1	>1,≤1.5	>1.5
		分数	10	6	4	0
3	正面焊缝宽度	标准(mm)	>9,≤12	>8,≤13	>7,≤14	<7,>14
		分数	10	6	4	0

序号	检查项目	标准、分数		焊　缝　等　级		
			I	II	III	IV
4	正面焊缝宽窄差	标准(mm)	≤1	>1,≤1.5	>1.5,≤2	>2
		分数	10	6	4	0
5	咬边	标准(mm)	0	深度≤0.5 mm且累计长度≤7 mm	深度≤0.5 mm且13 mm≥累计长度>7 mm	深度>0.5 mm,或累计长度>20 mm
		分数	10	6	4	0
6	根部凸出	标准(mm)	通球试验(管内径的85%)			
		分数	通过得10分,通不过不得分			
7	根部凹陷	标准(mm)	存在一处根部凹陷扣3分,直至配分扣光			
		分数	10			
8	错边量	标准(mm)	0	≤0.2	>0.2,≤0.6	>0.6
		分数	10	6	4	0
9	角变形量	标准(mm)	0	≤0.5	>0.5,≤1	>1
		分数	10	6	4	0
10	焊缝表面状态	焊缝表面是原始状态,不允许有加工或补焊、返修焊	如出现这两种情况,焊件按不及格论			
		焊缝表面不得有裂纹、未熔合、夹渣、气孔、焊瘤等缺陷				
11	工作服和劳保用品穿戴整齐;焊接中不伤及工作台;纪律保持良好;服从监考人员安排;工位卫生打扫到位。	根据现场记录,视情况扣1~10分	根据现场记录,违反规定扣1~10分			
12	时限		超5 min小于10 min者扣5分,超10 min按不及格论			

⑤在任何10 mm焊缝长度内,气孔和夹渣不得多于3个。

⑥沿圆周方向10倍壁厚(40 mm)范围内,气孔和夹渣的累计长度不大于1个壁厚(4 mm)。

⑦沿壁厚方向同一直线上各种缺陷总长度不大于30%壁厚且小于1.5 mm。

(6)弯曲试验。取面弯和背弯各一件,弯曲直径为3倍壁厚,弯曲角度90°,弯曲试验后其拉伸面不得有一条长度大于3 mm的裂纹或缺陷,两个试样均应合格。

(7)焊件上非焊道处不得有引弧痕迹。

课题 3-8　管材对接 45°固定焊接

学习目标及技能要求

·掌握管材对接 45°固定全位置焊焊接操作技术。

45°固定焊接位置是介于水平固定管与垂直固定管之间的一种焊接位置(见图 3-88),其操作要领与前两种情况有相似之处,焊接时分为两个半圈进行。每个半圈都包括斜仰焊、斜立焊和斜平焊三种位置,存在一定的焊接难度。

1. 焊前准备

(1)试件材料:20 钢管。

(2)试件尺寸:$\phi57×4$ mm,$L=100$ mm ,坡口形式及尺寸,如图 3-89 所示。

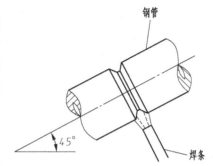

图 3-88　45°固定管的焊接操作

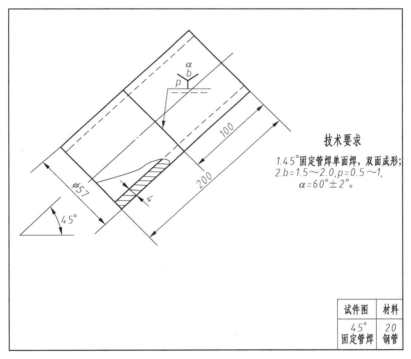

技术要求
1. 45°固定管焊单面焊,双面成形;
2. b=1.5~2.0,p=0.5~1,
α=60°±2°。

图 3-89　45°固定管焊接试件图

(3)焊接要求:单面焊双面成形。

(4)焊接材料:E5015 或 E4303。

(5)焊机:ZX5-400 型或 BX3-300 型。

2. 试件装配

(1)钝边 0.5~1 mm,去除毛刺。

（2）焊前清理：清理管件坡口及其两侧内、外表面各 20 mm 范围内的油污、锈蚀、水分及其他污物，直至露出金属光泽。

（3）装配间隙。上部（12 点位置）2.0 mm，下部（6 点位置）1.5 mm，放大上部间隙作为焊接时焊缝的收缩量。错边量≤0.5 mm。

（4）定位焊。采用与试件相同牌号的焊条，在焊接时钟 10 点和 2 点位置定位焊。焊缝长度约 10 mm，要求焊透，不得有气孔、夹渣、未焊透等缺陷，定位焊缝两端修磨成斜坡，以利于接头。

3. 确定焊接工艺参数

管材对接 45°固定焊焊接工艺参数选择见表 3-12。

表 3-12　45°固定管焊焊接工艺参数

焊接层次/焊道	焊条直径（mm）	焊接电流（A）	运 条 方 法
打底焊（1）	2.5	75~85	月牙形或锯齿形运条法
盖面焊（2）	2.5	70~80	月牙形或锯齿形运条法

4. 焊接过程

管材对接 45°固定焊焊接过程。

1）打底层焊

打底层焊采用连弧焊手法，运条方法采用月牙形或横向锯齿形摆动。

先在仰焊位置时钟 6 点前 5~10 mm 的 A 点（见图 3-90）处起弧，在始焊部位坡口内上下轻微摆动，对坡口两侧预热，待管壁温度明显上升后，压低电弧，击穿钝边。此时焊条端部到达坡口底边，整个电弧的 2/3 将在管内燃烧并形成第一个熔孔。

然后用挑弧焊法向前进行焊接。施焊时注意焊条的摆动幅度，使熔孔应保持深入坡口每侧 0.5~1 mm。每个熔池覆盖前一个熔池 1/2~2/3。当熔池温度过高时，可能产生熔化金属下淌，应采用灭弧法控制熔池温度。焊完前半圈在 12 点钟后的 B 点处熄弧，以同样方法焊接后半圈打底焊缝，在 12 点钟处接头并填满弧坑收弧。

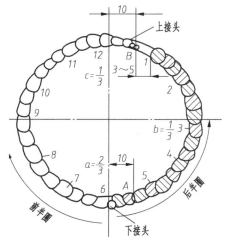

图 3-90　焊接顺序

打底层焊缝与定位焊缝接头以及更换焊条时的接头，其操作方法与水平固定焊操作基本相似。

2）盖面层焊

焊接盖面层与接头有两种方法：

（1）直拉法盖面及接头。所谓直拉法盖面就是在盖面焊的过程中，以月牙形运条法沿管子轴线方向施焊的一种方法。施焊时，从坡口上部边缘起弧并稍作停留，然后沿管子的轴线方向作月牙形运条，把熔化金属带至坡口下部边缘灭弧。每个新熔池覆盖前熔池的 2/3 左右，依次循环。

斜仰焊部位的起头动作是在起弧后，先在斜仰焊部位坡口的下部依次建立 3 个熔池，并使其一个比一个大,最后达到焊缝宽度,如图 3-91 所示,然后进入正常焊接。施焊时,用直拉法运条。

前半圈的收尾方法是在熄弧前,先将几滴熔化金属逐渐斜拉,以使尾部焊缝呈三角形。焊后半圈时,在管子斜仰部位的接头方法是在引弧后,先把电弧拉至接头待焊的三角形尖端建立第一个熔池,此后的几个熔池随着三角形宽度的增加逐个加大,直至将三角形区填满后用直拉法运条,如图 3-92 所示。

后半圈焊缝的收弧方法是在运条到试件上部斜平焊位收弧部位的待焊三角区尖端时,使熔池逐个缩小,直至填满三角区后再收弧,如图 3-93 所示。采用直拉法盖面焊时的运条位置,即接弧与灭弧位置必须准确,否则无法保证焊缝边缘平直。

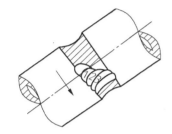 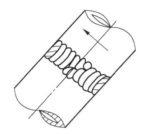 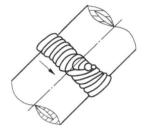

图 3-91　直拉法盖面斜仰焊位　　图 3-92　直拉法盖面斜仰焊位　　图 3-93　直拉法盖面斜仰焊位
　　　的起头方法示意图　　　　　　　的接头方法示意图　　　　　　　的收弧方法示意图

(2)横拉法盖面及接头。所谓横拉法盖面就是在盖面的过程中,以月牙形或锯齿形运条法沿水平方向施焊的一种方法。施焊时当焊条摆动到坡口边缘时,稍作停顿,使熔池的上下轮廓线基本处于水平位置。

横拉法盖面时的斜仰焊位起头方法是在起弧后,相继建立起三个熔池,然后从第四个熔池开始横拉运条,它的起头部位也留出一个待焊的三角区域,如图 3-94 所示。

前半圈上部斜平焊位焊缝收尾时也要留出一个待焊的三角区域。

后半圈在斜仰焊部位的接头方法是在引弧后,先从前半圈留下的待焊三角区域尖端向左横拉至坡口下部边缘,使这个熔池与前半圈起头部位的焊缝搭接上,保证熔合良好,然后用横拉法运条,如图 3-95 所示,至后半圈盖面焊缝收弧。

后半圈斜平焊位收弧方法是在运条到收弧部位的待焊三角区域尖端时,使熔池逐个缩小,直至填满三角区后再收弧。

图 3-96 所示为直拉法盖面的焊缝。

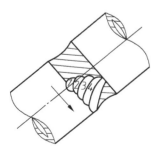 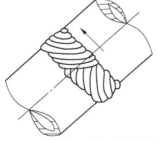 

图 3-94　横拉法盖面斜仰焊位　　图 3-95　横拉法盖面斜仰焊位　　图 3-96　直拉法盖面焊缝
　　　的起头方法示意图　　　　　　　的接头方法示意图

管子倾斜度不论大小,一律要求焊波成水平或接近水平方向,否则成形不好。因此焊条总是保持在垂直位置,并在水平线上左右摆动,以获得较平整的盖面层。摆动到两侧时,要停留足够时间,使熔化金属覆盖量增加,以防止出现咬边。

课题 3-9　插入式管板垂直固定平焊

学习目标及技能要求

· 掌握焊条角度插入式管板垂直固定焊接方向调整焊条角度的变化。

· 熟悉插入式管板的单面焊双面成形焊接技能。

1. 焊前准备

(1)试件材料:管材 20 钢管;板材 Q235 钢板。

(2)试件尺寸:管材 $\phi57$ mm×4 mm,$L=100$ mm,板材 100 mm×100 mm×10 mm,如图 3-97 所示。

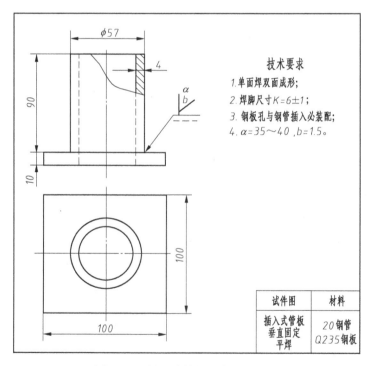

图 3-97　插入式管板垂直固定平焊

(3)坡口尺寸:试件板材加工 $\phi60$ mm 通孔并开 35°~45°单边 V 形坡口,如图 3-98 所示。

(4)焊接材料:E4303(结 422)型焊条烘烤 100~150 ℃,或 E5015 型焊条烘烤 350~400 ℃,恒温 1~2 h 随用随取。

(5)焊接设备:BX3-300 型或 ZX5-400 型。

2. 试件装配

(1)钝边 0.5~1 mm,去除毛刺。

（2）清理试件板材坡口及坡口正反面两侧 20 mm 和管子端部 30 mm 范围内的油污、锈蚀、水分及其他污染物，直至露出金属光泽。

（3）装配间隙为 1.5 mm，管子垂直插入孔板四周间隙均匀，背面平齐，相差不超过 0.4 mm。插入式管板焊接装配示意图如图 3-99 所示。

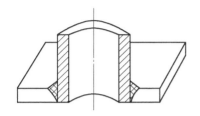

图 3-98　管板角接头形式

图 3-99　插入式管板焊接装配间隙示意图

（4）定位焊采用与试件相同牌号的焊条，在任意方位定位焊，焊缝长度为 10 mm 左右，要求焊缝厚度 2~3 mm，应焊透且无缺陷，焊缝两端呈斜坡状，以利于接头。

3. 确定焊接工艺参数

插入式管板垂直固定平焊焊接工艺参数选择见表 3-13。

表 3-13　插入式管板垂直固定平焊焊接工艺参数

焊接层次	焊条直径（mm）	焊接电流（A）	运条方法
打底层（1）	2.5	75~80	直线形运条法
填充层（2）	3.2	100~120	月牙形或锯齿形运条法
盖面层（3、4）	3.2	100~110	直线形运条法

4. 焊接过程

插入式管板垂直固定平位焊焊接过程。

1）打底焊

①引弧。打底层焊道采用连弧法，在定位焊相对称的位置、孔板坡口内引弧，拉长电弧稍加预热（酸性焊条），待其两侧接近熔化温度时，向孔板一侧移动，压低电弧使孔板坡口击穿形成熔孔，然后用直线运动法进行正常焊接。焊条与管子外壁的夹角为 10°~15°，与管子的切线成 60°~70°，如图 3-100 所示。焊接过程中焊条角度要求不变，随管子弧度移动，速度要均匀，电弧在坡口根部与管子边缘应作停留，保持短弧操作，使电弧 1/3 在熔池前，用来击穿和熔化坡口根部，2/3 覆盖在熔池上。电弧稍偏向管子以保证两侧熔合良好，保持熔池大小和形状基本一致，避免产生未焊透和夹渣。若发现熔池温度过高，可以采用挑弧法，减少对熔池的热输入，防止焊穿和背面产生焊瘤。

②更换焊条的方法，一般采用接热法。熄弧前回焊 10 mm 左右，并逐渐拉长电弧至熄灭，迅速更换焊条，在熄弧处引燃并拉长电弧继续加热，移至接头处，压低电弧，当根部被击穿后，形成熔孔，稍停片刻，转入正常焊接。

③定位焊缝接头。焊至定位焊缝接头处，应压低电弧稍停片刻，再快速移动电弧至定位焊

缝另一端,稍停片刻,然后恢复正常焊接,当焊至封闭焊缝接头处时,也要稍停片刻,并与始焊部位重叠 5~10 mm,填满弧坑即可熄弧。

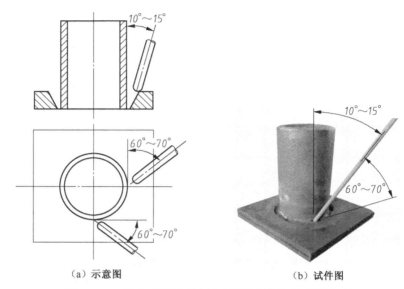

（a）示意图　　　　　　　　（b）试件图

图 3-100　插入式管板垂直固定平位打底焊的焊条角度

2）填充层焊

填充层焊接采用小锯齿形运条法,保证坡口两侧熔合良好,焊条与管壁夹角为 15° 左右,前进方向与管子的切线夹角为 80°~85°,如图 3-101 所示。速度均匀,保证熔渣对熔池的覆盖保护,不超前或拖后,基本填平坡口,但不能熔化孔板坡口边缘,以免影响盖面层的焊接。

3）盖面层焊接

焊接盖面层时必须保证焊脚尺寸。采用两道焊,焊条角度如图 3-102 所示。第一条焊道仅靠孔板表面,熔化坡口边缘 1~2 mm 保证焊道外边整齐。第二条焊道施焊时,适宜调整焊条与管壁角度为 45°~60°,与第一条焊道重叠 1/2~2/3,并根据焊道需要的宽度适当增加焊条摆动和焊接速度,或用小斜圆圈形运条法,避免焊道间形成凹槽或凸起,防止管壁咬边。

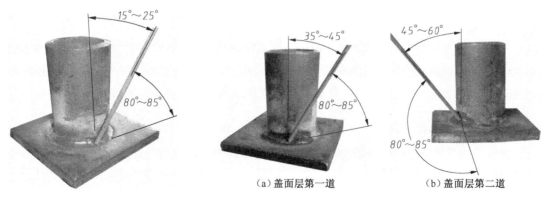

（a）盖面层第一道　　　　　　（b）盖面层第二道

图 3-101　填充焊焊条角度　　　　　　　　图 3-102　盖面焊焊条角度

课题 3-10　骑座式管板水平固定全位置焊

学习目标及技能要求

· 掌握骑座式管板水平固定全位置焊的焊接方法。

1. 焊前准备

(1)试件材料:管材,20 钢管,板材,Q235。

(2)试件尺寸:管材 $\phi 57$ mm×4 mm, L = 100 mm,管子端部开 50°单边 V 形坡口;板材 100 mm×100 mm×12 mm,板材中心按管子内径加工通孔,如图 3-103 所示。

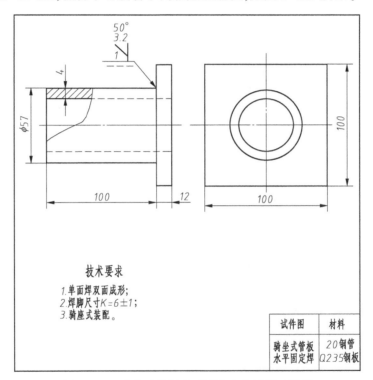

技术要求

1. 单面焊双面成形;
2. 焊脚尺寸 K=6±1;
3. 骑座式装配。

试件图	材料
骑坐式管板 水平固定焊	20 钢管 Q235钢板

图 3-103　骑座式管板水平固定全位置焊试件图

(3)焊接材料。E4303(结 422)型焊条烘烤 100~150 ℃,或 E5015 型焊条烘烤 350~400 ℃,恒温 1~2 h 随用随取。

(4)焊接设备。BX3-300 型或 ZX5-400 型。

2. 试件装配

(1)钝边 0.5~1 mm,去除毛刺。

(2)清理试件板材正反面通孔两侧 20 mm 和管子端部 30 mm 范围内的油污、锈蚀、水分及其他污染物,直至露出金属光泽。

(3)装配。

①间隙。根部间隙试件上部平位留 3.2 mm;下部仰位留 2.5 mm,上部放大间隙是作为焊

接时焊缝的收缩量。要求管子内径与板孔同心,错边量≤0.5 mm,管子与管板相垂直。

②定位焊。采用两点固定试件上半部,即焊接时钟2点和10点位置,定位焊缝长度为5～10 mm,两端修磨成斜坡,便于接头。点焊缝厚度为2～3 mm,要求焊透、无夹渣、气孔缺陷。

3. 焊接工艺参数

骑座式管板水平固定全位置焊焊接工艺参数选择见表3-14。

表3-14　骑座式管板水平固定全位置焊焊接工艺参数

焊接层次	焊条直径(mm)	焊接电流(A)	运条方法
打底层(1)	2.5	70～80	单点击穿或锯齿形连弧法
填充层(2)	3.2	110～120	锯齿形或月牙形运条法
盖面层(3)	3.2	100～110	月牙形运条法

4. 焊接过程

管板水平固定焊缝施焊时分前半圈(左)和后半圈(右)两个半圈,每半圈都存在仰、立、平三种不同位置的焊接。将焊接位置处于焊件接口的某部位用12点钟的方式表示,焊条角度随焊接位置的改变而变化,如图3-104所示。

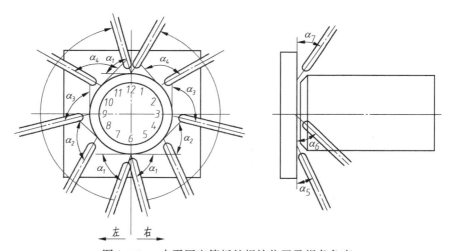

图3-104　水平固定管板的焊接位置及焊条角度

$\alpha_1=80°～85°,\alpha_2=100°～105°,\alpha_3=100°～110°,\alpha_4=120°,\alpha_5=30°,\alpha_6=45°,\alpha_7=35°$

骑座式管板水平固定全位置焊焊接过程。

1)打底层焊

打底层的焊接可以采用连弧焊手法,也可采用灭弧焊手法进行。

①前半圈焊接(左侧)时,在仰焊6点钟位置前5～10 mm处的坡口内引弧,焊条在坡口根部管与板之间做微小横向摆动,当母材熔液与焊条熔滴连在一起后,第一个熔池形成,然后沿顺时针方向进行正常手法的焊接,直至焊道超过12点钟位置5～10 mm处熄弧。

②连弧焊采用月牙形或锯齿形运条法;当采用灭弧焊时,灭弧动作要快,不要拉长电弧,同时灭弧与接弧时间间隔要短,灭弧频率为50～60次/min。每次重新引燃电弧时,焊条中心要对准熔池前沿焊接方向的2/3处,每接触一次,焊缝增长2 mm左右。

③因管与板厚度差较大,焊接电弧应偏向孔板,并保证板孔边缘熔合良好。一般焊条与孔板的夹角为 25°~30°(见图 3-105),与焊接方向的夹角随着焊接位置的不同而改变。另外在管板试件的 6 点至 4 点位置及 2 点钟至 12 点位置,要保持熔池液面趋于水平,不使熔池金属下淌,其运条轨迹如图 3-106 所示。

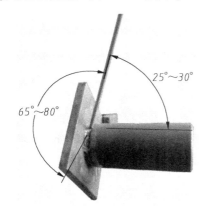

图 3-105　打底焊焊条角度

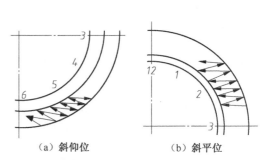

（a）斜仰位　　　（b）斜平位

图 3-106　管板焊件斜仰位及斜平位处的运条轨迹

④焊接过程中,要使熔池的形状和大小保持一致,使熔池中的熔液清晰明亮,熔孔始终深入每侧母材 0.5 ~ 1 mm。同时应始终伴有电弧击穿根部所发出的"噗噗"声,以保证根部焊透。

⑤当运条至定位焊缝根部时,焊条要向管内压一下,听到"噗噗"声后,快速运条至定位焊缝另一端,再次将焊条向下压一下,听到"噗噗"声后,稍作停留,恢复原来的操作手法。

⑥收弧时,将焊条逐渐引向坡口斜前方,或将电弧往回拉一小段,再慢慢提高电弧,使熔池逐渐变小,填满弧坑后熄弧。

⑦更换焊条时接头有两种方法。

a. 热接。当弧坑尚保持红热状态时,迅速更换焊条,在熔孔下面 10 mm 处引弧,然后将电弧拉到熔孔处,焊条向里推一下,听到"噗噗"声后,稍作停留,恢复原来操作手法。

b. 冷接。当熔池冷却后,必须将收弧处打磨出斜坡方向接头。更换焊条后,在打磨处附近引弧;运条到打磨斜坡根部时,焊条向里推一下,听到"噗噗"声后,稍作停留,恢复原来操作手法。

⑧后半圈的焊接方法与前半圈基本相同,但需在仰焊接头和平焊接头处多加注意。

一般在上、下两接头处,均打磨出斜坡,引弧后在斜坡后端起焊,运条到斜坡根部时,焊条向上顶,听到"噗噗"声后,稍作停顿,再进行正常手法焊接。当焊缝即将封闭收口时,焊条向下压一下,听到"噗噗"声后,稍作停留,然后继续向前焊接 10 mm 左右,填满弧坑后收弧。

⑨打底焊道应尽量平整,并保证坡口边缘清晰,以便填充层焊接。

2) 填充层焊

①清除打底焊道熔渣,特别是死角。

②填充层焊接可采用连弧焊手法或灭弧焊手法施焊,焊条角度如图 3-107 所示。其焊接顺序、焊条角度、运条方法与打底层焊接相似,但运条摆动幅度比打底层稍宽。由于焊缝两侧

是不同直径的同心圆,孔板侧比管子侧圆周长,所以运条时,在保持熔池液面趋于水平时,应加大焊条在孔板侧的向前移动间距并相应地增加焊接停留时间。填充层的焊道要薄一些,管子一侧坡口要填满,孔板一侧要超出管壁约 2 mm,使焊道形成一个斜面,保证盖面层焊缝焊后焊脚对称。

3）盖面层焊

盖面层焊接既要考虑焊脚尺寸和对称性,又要使焊缝表面焊波均匀,无表面缺陷,焊缝两侧不产生咬边。盖面层焊接前,应仔细清理填充层焊道的熔渣,特别是死角。焊接时,可采用连弧焊手法或灭弧焊手法施焊。

①连弧焊时,采用月牙形横拉短弧施焊。在仰焊部位 6 点位置前 10 mm 左右焊趾处引弧后,并使熔池呈椭圆形,上、下轮廓线基本处于水平位置,焊条摆动到管与板侧时要稍作停留,而且在板侧停留的时间要长些,以避免咬边。焊条与孔板的夹角如图 3-108 所示,焊条与焊接方向的夹角随管子的弧度变化而改变。焊缝收口时要填满弧坑后收弧。

②灭弧焊时,在仰焊部位 6 点位置前 10 mm 左右的前一道焊缝上引弧,将融化金属从管侧带到钢板上,向右推熔化金属,形成第一个浅的熔池。以后都是从管向板做斜圆圈形运条。焊缝收口时,要和前半圈收尾焊道吻合好,并填满弧坑后收弧。

盖面焊焊缝如图 3-109 所示。

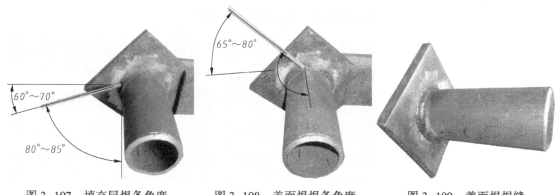

图 3-107　填充层焊条角度　　　　图 3-108　盖面焊焊条角度　　　　图 3-109　盖面焊焊缝

第四章　埋　弧　焊

学习目标及技能要求

- 能够进行埋弧焊机的操作,掌握引弧和收弧方法。
- 能够正确选择埋弧焊工艺参数。
- 能够进行Ⅰ形坡口和Ⅴ形坡口对接埋弧焊。
- 能够进行圆形筒体纵、环缝的焊接。

一、埋弧焊原理及设备

埋弧焊是一种电弧在颗粒状焊剂下燃烧的熔焊方法,如图4-1所示。按照自动调节弧长的方式不同,分为电弧自动调节和电弧电压自动(强制)调节两种方式,分别通过等速送丝方式埋弧焊机(MZ1-1000型)和变速送丝式埋弧焊机(MZ-1000型)实现。

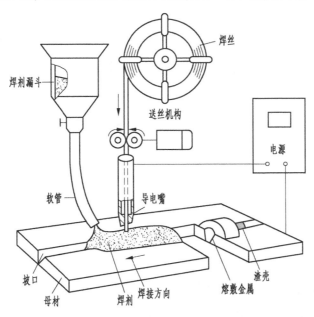

图4-1　埋弧焊示意图

MZ-1000型埋弧焊机焊接过程自动调节灵敏度较高,而且对焊机送给速度和焊接速度的调节方便,可使用交流和直流焊接电源,主要用于水平位置或水平面倾斜不大于10°的各种坡口的对接、搭接和角接焊缝的焊接,并可借助滚轮胎架自动焊接筒形焊件的内、外环缝。

MZ-1000型埋弧焊机主要由MZT-1000型焊接小车和MZP-1000型控制箱及焊接电源组成,其外部接线如图4-2所示。MZT-1000型焊接小车由机头、控制箱、焊丝盘、焊剂斗和台车等组成,如图4-3所示。

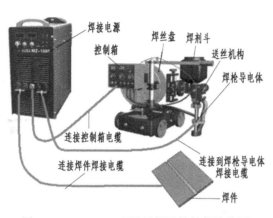

图 4-2　MZ-1000 型埋弧焊机的外部接线图

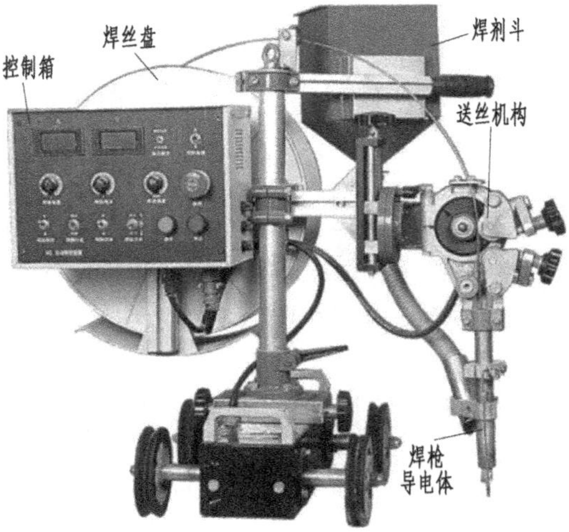

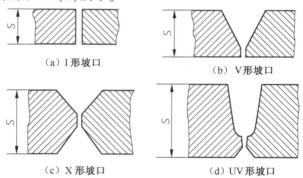

图 4-3　MZT-1000 型焊接小车

由于埋弧焊使用焊接电流大、电弧功率强,对接接头工件可开或不开坡口。一般情况下板厚小于 14 mm 可不开坡口(I 形坡口),如图 4-4(a)所示;板厚 14~22 mm 时,可开 V 形坡口,如图 4-4(b)所示;板厚 22~50 mm 时,可开 X 形坡口,如图 4-4(c)所示;对要求较高的焊件,一般采用 UV 形坡口,如图 4-4(d)所示。

（a）I 形坡口　　　　　　　　　　　　（b）V 形坡口

（c）X 形坡口　　　　　　　　　　　　（d）UV 形坡口

图 4-4　埋弧焊对接焊常用坡口形式

二、MZ-1000 自动埋弧焊机控制面板操作

1. MZ-1000 自动埋弧焊机电源控制箱面板(见图 4-5)

操作如下:

(1)按照安装说明接好输入电源线。

(2)按照安装说明接好焊机焊接输出电缆。

(3)将电源开关 SW1 拨至"开"位置,将状态选择开关 SW2 拨至"埋弧"位置。

(4)调节开关 SW3 选择恒压焊接或恒流焊接,调节开关 SW4 选择控制面板遥控或遥控控制。

(5)恒流(恒压)焊接时调节电流(电压)调节旋钮,使电流(电压)表显示所需的设定值。

选择合适直径的焊丝进行焊接。

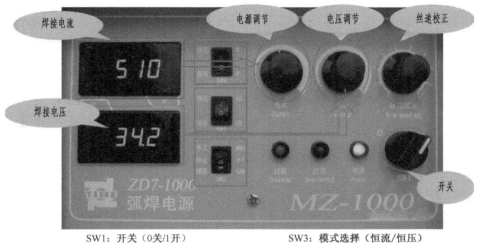

SW1：开关（0关/1开）　　　　　　SW3：模式选择（恒流/恒压）

SW2：状态选择（手工/停止/埋弧）　SW4：控制方式（面板/遥控）

图4-5　电源控制箱面板

2. 焊接小车控制箱面板（见图4-6）

操作如下：

1）开关

行走方式选择开关处于电控状态（即小车离合器接入）时，可使小车工作于"手动/停止/自动"三个状态。

①行走方向："前进/后退"。

②电源：控制小车的通/断。

2）旋钮

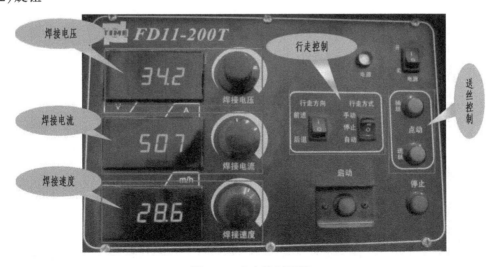

图4-6　小车控制面板

①焊接电压:当电源面板 P/R 开关工作处于遥控(R)方式时,此旋钮用于调节焊接电压;处于近控(P)方式时,此旋钮不起作用,此时电压的调整,通过调节焊接电源面板上的焊接电压旋钮来完成。

②焊接电流:同上。

③焊接速度:设定小车行走速度,调节范围为 20 m/h~62 m/h。

3) 按钮

①点动送丝:焊丝可靠接触工件时,焊丝送进自动停止,点动送丝按钮此时工作处于无效状态。

②启动:焊接过程开始控制(必须保证焊丝与工件可靠接触)。引弧成功后,控制系统对此扭实现自锁。

③停止:按下此钮系统自动执行收弧回抽返烧熄弧程序。

三、埋弧工艺参数

埋弧自动焊的工艺参数,主要是指焊接电流、电弧电压、焊接速度、焊丝直径、焊丝伸出长度、焊丝与焊件表面的相对位置、电源种类和极性、焊剂种类以及焊件的坡口形式等。这些参数影响着焊缝的形状系数和熔合比,从而决定了焊缝的质量。

1. 焊接电流

一般焊接条件下,焊缝熔深与焊接电流成正比。

随着焊接电流的增加,熔深和焊缝余高都有显著增加,而焊缝的宽度变化不大,如图 4-7 所示。同时,焊丝的熔化量也相应增加,这就使焊缝的余高增加。随着焊接电流的减小,熔深和余高都减小。

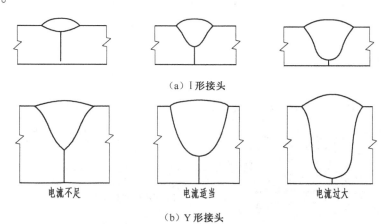

（a）I 形接头

电流不足　　　　　电流适当　　　　　电流过大

（b）Y 形接头

图 4-7　焊接电流对焊缝断面形状的影响

2. 电弧电压

电弧电压的增加,焊缝宽度明显增加,而熔深和焊缝余高则有所下降,如图 4-8 所示。

为了获得满意的焊缝成形,焊接电流与电弧电压应匹配好。

3. 焊接速度

当其他焊接参数不变而焊接速度增加时,焊接热输入量相应减小,从而使焊缝的熔深也减小,如图 4-9 所示。

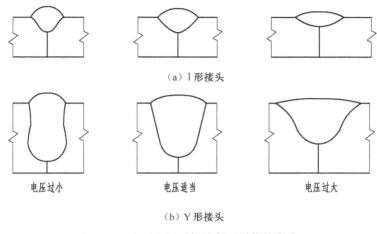

（a）Ⅰ形接头

电压过小　　　　　　　电压适当　　　　　　　电压过大

（b）Y形接头

图 4-8　电弧电压对焊缝断面形状的影响

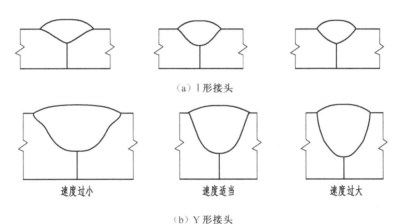

（a）Ⅰ形接头

速度过小　　　　　　　速度适当　　　　　　　速度过大

（b）Y形接头

图 4-9　焊接速度对焊缝断面形状的影响

　　为保证焊接质量必须保证一定的焊接热输入量,即为了提高生产率而提高焊接速度的同时,应相应提高焊接电流和电弧电压。

4. 焊丝直径与伸出长度

　　当其他焊接参数不变而焊丝长度增加时,电阻也随之增大,伸出部分焊丝所受到的预热作用增加,焊丝熔化速度加快,结果使熔深变浅,焊缝余高增加,因此须控制焊丝伸出长度,不宜过长。埋弧自动焊时,焊丝的伸出长度一般为 30~40 mm。同时在焊接过程中还应控制焊丝伸出长度的波动范围一般不超过 10 mm。

5. 焊丝倾角

　　焊丝的倾斜方向分为前倾和后倾。倾角的方向和大小不同,电弧对熔池的力和热作用也不同,从而影响焊缝成形。当焊丝后倾一定角度时,由于电弧指向焊接方向,使熔池前面的焊件受到了预热作用,电弧对熔池的液态金属排出作用减弱,而导致焊缝宽而熔深变浅。反之,焊缝宽度较小而熔深较大,但易使焊缝边缘产生未熔合和咬边,并且使焊缝成形变差,焊丝倾角对焊缝形状的影响见表 4-1。

表 4-1　焊丝倾角对焊缝形状的影响

焊丝倾角/(°)	前倾 15	垂直 0	后倾 15
示图			
焊缝形状			
熔透	深	中等	浅
余高	大	中等	小
熔宽	窄	中等	宽

综合以上各焊接工艺参数的影响,埋弧自动焊推荐采用的焊接规范见表 4-2。

表 4-2　埋弧自动焊推荐采用焊接规范

序号	工件厚度 (mm)	焊丝直径 (mm)	焊接电流 (A)	焊接电压 (V)	焊接速度 (m/h)	输出特性 (CC/CV)
1	3	1.6	275~300	28~30	30~40	CC
2	4	2.0	375~400	30~32	30~40	CC
3	5	2.4	425~450	32~34	20~30	CC
4	6	3.2	300~500	30~32	25~30	CC
5	8	3.2	450~550	32~35	20~30	CC
6	10	4	500~600	32~35	20~25	CC
7	12	4	600~700	34~36	20~30	CC
8	14	4	700~800	36~38	20~30	CC
9	15	5	800~900	36~38	20~30	CC
10	17	5	850~950	38~40	20~30	CC
11	18	5	900~950	38~40	25~30	CC
12	20	5	850~1000	38~40	25~30	CC
13	22	5	900~1000	38~40	25~30	CC
备注	以上焊接规范均采用直流反接(DCRP)					

课题 4-1　I 形坡口对接平焊埋弧焊

学习目标及技能要求

· 掌握 I 形坡口对接平焊埋弧焊的操作方法。

·了解碳弧气刨的操作方法。

1. 焊前准备

(1)试件材料:Q235。

(2)试件尺寸:400 mm×240 mm×12 mm,I形坡口尺寸如图4-10所示。

(3)焊接要求:双面焊。

(4)焊接材料:焊丝 H08A 或 H08MnA,直径4 mm,焊前除锈。焊剂 HJ431,焊前烘干 150~200 ℃,恒温 2h,随用随取。定位焊采用焊条 E4303(结 422),直径 4.0 mm。

(5)焊机:MZ-1000 型埋弧焊机。

2. 试件装配

(1)清理试件坡口面及坡口正反两侧各30 mm 范围内的油污、锈蚀、水分及其他污物,直至露出金属光泽。

(2)装配间隙:距离始焊端2.5 mm,终焊端3.2 mm(可分别采用直径 2.5 mm 和 3.2 mm 的焊条夹在试件两端进行装配)。放大终焊端的间隙是考虑到焊接过程中的横向收缩量,以保证熔透所需要的间隙,错边量≤1.2 mm。

(3)定位焊。在试板两端分别焊接引弧板与引出板,并做定位焊,如图4-11 所示。引弧板与引出板的尺寸为 100 mm×100 mm×12 mm,焊后使用气割的方法将其割掉,而不能用锤子敲掉。

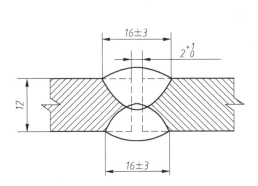

图4-10 I形坡口尺寸

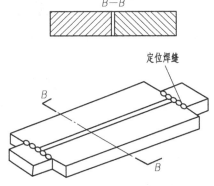

图4-11 用引弧板与引出板进行定位焊

(4)试件反变形量为 3°。

3. 确定焊接工艺参数

I形坡口对接平焊焊接工艺参数选择见表4-3。

表4-3 I形坡口对接平焊焊接工艺参数

焊接层次	焊丝直径(mm)	焊接电流(A)	焊接电压(V)	焊接速度(m/h)
背面	4.0	500~550	35~37	30~32
正面	4.0	550~600	35~37	30~32

4. 焊接过程

先焊背面的焊道,后焊正面的焊道(两面焊缝宽度相等则先完成盖面层焊缝一侧为正面）。

I 形坡口对接平焊埋弧焊焊接过程。

1）垫焊剂垫

焊前将试件放在水平的焊剂垫上,如图 4-12 所示。焊剂垫内的焊剂牌号必须与工艺要求的焊剂相同。焊接时,要保证试板正面完全与焊剂贴紧。在焊接过程中,更要注意防止因试板受热变形与焊剂脱开,产生焊漏、烧穿等缺陷。特别是要防止焊缝末端收尾处出现焊漏和烧穿。

2）焊丝对中

调整焊丝位置,使焊丝头对准试板间隙,但不与试样接触。拉动焊接小车往返几次,以使焊丝能在整个试板上对准间隙,如图 4-13 所示。

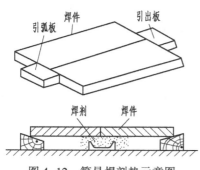

图 4-12　简易焊剂垫示意图

图 4-13　焊丝对中

3）准备引弧

将焊接小车拉到引弧板处,调整好小车行走方向开关位置,锁紧小车行走离合器。然后,按下送丝及退丝按钮,使焊丝端部与引弧板可靠接触,焊剂堆积高度为40~50 mm。最后将焊剂斗下面的门打开,让焊剂覆盖住焊丝头,如图 4-14 所示。

4）引弧

按下启动按钮,引燃电弧,如图 4-15 所示。焊接小车沿试板间隙走动,开始焊接。此时要注意观察控制盘上的电流表与电压表,检查焊接电流、焊接电压与工艺规定的参数是否相符。如果不相符则迅速调整相应的旋钮至规定参数为止。

图 4-14　打开焊剂斗门

图 4-15　按下启动按钮,接通电源

5) 收弧

当熔池全部在引出板中部以后,准备收弧。收弧时要特别注意分两步按停止按钮。先按一半,焊接小车停止前进,但电弧仍在燃烧,熔化的焊丝用来填满弧坑。估计弧坑已填满后,立即将停止按钮按到底,如图 4-16 所示。

6) 清渣

待焊缝金属及熔渣完全凝固并冷却后,敲掉焊渣(见图 4-17),并检查背面焊道外观质量。要求背面焊道熔深达到试板厚度的 60%~70%。如果熔深不够,需加大间隙、增加焊接电流或减小焊接速度。

图 4-16 分两步按停止按钮

图 4-17 清渣

7) 清根

将焊件的正面焊缝清理干净后,采用碳弧气刨刨削焊件背面熔渣,直至露出正面焊缝的根部,如图 4-18 所示。

8) 焊接正面焊缝

与焊接背面焊缝的埋弧焊操作方法相同,焊接正面焊缝,如图 4-19 所示。

9) 结束焊接

完成背面焊缝焊接,回收焊剂,清除渣壳(见图 4-20),关闭焊剂漏斗的阀门;扳下离合器手柄,将焊接小车推开,放到适当的位置,检查焊接质量。

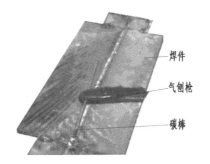

图 4-18 碳弧气刨清根

图 4-19 正面焊接

图 4-20 回收焊剂、清渣

经验点滴

(1) 为了防止未焊透或夹渣,要求正面焊道的熔深达到板厚的 60%~70%。为此可以用加大焊接电流或减小焊接速度的方法来实现。

（2）焊正面焊道时，因为已有背面焊道托住熔池，故不必用焊剂垫，可直接进行悬空焊接。

可以通过观察熔池背面焊接过程中的颜色变化来估计熔深。若熔池背面为红色或淡黄色，表示熔深符合要求，且试板越薄，颜色越浅。若试板背面接近白亮时，说明将要烧穿，应立即减小焊接电流或增加焊接速度；若熔池从背面看不见颜色或为暗红色，则表明熔深不够，需增加焊接电流或减小焊接速度。

5. 焊接质量要求

（1）埋弧焊试件的检查项目、检查数量和试样数量：外观检查 1 件；射线透照 1 件；弯曲试验板厚≥12 mm 时，做侧弯检查试样 2 件。

（2）焊缝外形尺寸：焊缝余高 0~3 mm，余高差≤2 mm；焊缝宽度比坡口每侧增宽 2~4 mm，宽度差≤2 mm。

（3）焊缝边缘直线度≤3 mm，焊缝表面不得有咬边和凹坑。

（4）试件的射线透照应符合 NB/T 47013《承压设备无损检测》标准规定，射线透照质量不应低于 AB 级，焊缝缺陷等级不低于 Ⅱ 级为合格。

（5）弯曲试验时弯曲角度为 180°（弯轴直径为 3 倍板厚），弯曲后其拉伸面上不得有任一单条长度大于 3 mm 的裂纹或缺陷，两个侧弯试样都合格时弯曲试验为合格。

6. 一般故障的处理

埋弧焊一般故障的处理见表 4-4。

表 4-4　埋弧焊一般故障的处理

故 障 描 述	产 生 原 因	处 理 方 法
按启动按钮后，不见电弧产生，焊丝将机头顶起	焊丝与焊件没有导电接触	清理接触部分
按启动按钮，线路工作正常，但引不起弧	焊接电源未接通；电源接触器接触不良；焊丝与焊件接触不良	接通焊接电源；检查并修复接触器；清理焊丝与焊件的接触点
启动后焊丝粘住焊件	焊丝与焊件接触太紧；焊接电压太低或焊接电流太小	保证接触可靠但不要太紧；调整电流、电压至合适值

知识链接

碳弧气刨

1. 碳弧气刨设备及工艺

碳弧气刨采用侧面送风式刨钳和镀铜实心碳棒，直径 6~8 mm，如图 4-21 所示。焊接电源采用硅整流或晶闸管直流焊接电源，其与外部接线如图 4-22 所示。

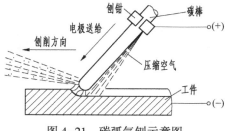

图 4-21　碳弧气刨示意图

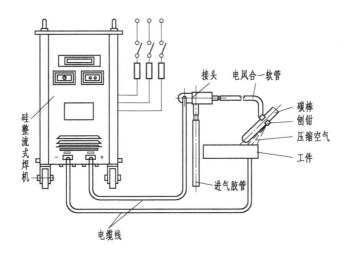

图 4-22 碳弧气刨焊机及其外部接线图

2. 碳弧气刨工艺参数

碳弧气刨工艺参数包括电源极性、碳棒直径、刨削电流、刨削速度、压缩空气压力、电弧长度、碳棒和工件的倾角及碳棒的伸出长度等。

1）电源极性。由于碳弧气刨一般都采用直流电源，极性对不同材料的气刨过程的稳定性和质量的影响有所不同。常用金属材料碳弧气刨时的极性选择见表 4-5。

表 4-5 常用金属材料极性选择

金属材料	钢	铸铁	铜及其合金	铝及其合金	不锈钢
极性	反接	正接	正接	正接或反接	反接

气刨低碳钢时采用直流反接刨削，过程稳定，刨槽光滑。

2）碳棒直径和刨削电流的选择，可依据以下经验公式：

$$I = (30 \sim 50)d$$

式中 I——刨削电流，A；

d——碳棒直径，mm。

碳棒直径应比刨槽的宽度小 2 mm 左右，根据焊件厚度选用 6~8 mm 的碳棒直径，刨削电流为 240~400 A。

3）刨削速度

一般刨削速度以 0.5~1.2 m/min 为宜。

4）压缩空气压力

常用的压缩空气压力为 0.4~0.6 MPa。

5）电弧长度

电弧长度以 1~2 mm 为宜。

6）碳棒倾角

碳棒与刨件沿刨槽方向的夹角为碳棒倾角，一般在 25°～45°，如图 4-23 所示。

7）碳棒伸出长度

碳棒从钳口到电弧端的长度为伸出长度。伸出长度越大，钳口离电弧越远，压缩空气吹到熔池的风力就不足，不能将熔化金属顺利吹除；但伸出长度太短会引起操作不便。通常碳棒的伸出长度以 80～100 mm 较合适。当碳棒烧至 30 mm 左右时，应进行调整，如图 4-24 所示。

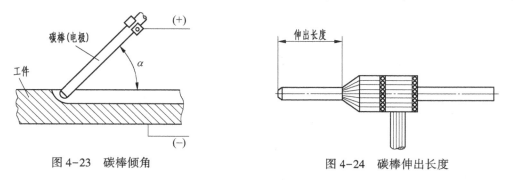

图 4-23　碳棒倾角　　　　　　　　　　　图 4-24　碳棒伸出长度

3. 碳弧气刨操作的基本要领

（1）准：对刨槽的基准线要看得准，掌握好刨槽的深浅。根据压缩空气和空气摩擦作用发出嘶嘶的声音变化判断和控制弧长的变化。声音均匀而清脆，表示电弧稳定、弧长无变化，此时刨出的槽既光滑，又深浅一致。

（2）平：气刨时手把要端得平稳，不要上下抖动，刨槽表面不应出现明显的凹凸不平。

（3）正：气刨时碳棒夹持要端正，碳棒倾角不能忽大忽小，碳棒的中心线要与刨槽的中心线重合，以保持刨槽的形状对称。

课题 4-2　V 形坡口对接平焊埋弧焊

学习目标及技能要求

·掌握 V 形坡口对接平焊埋弧焊的操作方法。

1. 焊前准备

（1）试件材料：Q235。

（2）试件尺寸：400 mm×240 mm×22 mm，60°V 形坡口，如图 4-25 所示。

（3）焊接要求：双面焊。

（4）焊接材料：焊丝 H10Mn2 或 H08MnA，直径 ϕ4 mm 或 ϕ5 mm。焊剂 HJ301 或 HJ431，按规定烘干：碱性焊剂烘干 300～400 ℃；酸性焊剂烘干 150～200 ℃，并恒温 2h，随用随取。

（5）焊机：MZ-1000 型（交流或直流）。

2. 试件装配

（1）钝边为（10±1）mm。

（2）清理试件坡口面及坡口正反两侧各 30 mm 范围内的油污、锈蚀、水分及其他污物，直至露出金属光泽。

（3）装配间隙：始焊端≤2.5 mm，终焊端3.2 mm，错边量≤1.5 mm。

（4）试件两端装焊引弧板及引出板，引弧板及引出板的尺寸为100 mm×100 mm×10 mm（2块）。引弧板和引出板两侧加挡板，其尺寸为100 mm×50 mm×6 mm（4块）。装配及定位焊如图4-26所示。

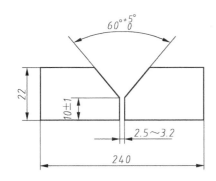

图4-25　V形坡口对接试件及坡口尺寸

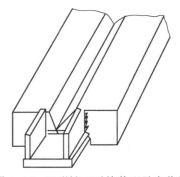

图4-26　V形坡口对接装配及定位焊

（5）反变形量为3°~4°。

3. 确定焊接工艺参数

V形坡口对接平焊埋弧焊焊接工艺参数选择见表4-6。

表4-6　V形坡口对接平焊埋弧焊焊接工艺参数

焊接层次	焊丝直径（mm）	焊接电流（A）	焊接电压（V）	焊接速度（m/h）
正面	4.0	650~700	34~38	25~30
背面	4.0	700~750	34~38	25~30

4. 操作要点及注意事项

（1）先焊V形坡口的正面焊缝，将试件水平置于焊剂垫上，并采用多层焊或多层多道焊。焊接操作方法与I形坡口对接平焊基本相同：

①焊丝对中，下送焊丝与焊件可靠接触，打开焊剂漏斗开关，使焊剂覆盖焊接处。

②引弧焊，及时调整相应的按钮，使焊接工艺参数符合表4-7的规定。

③收弧、清渣。

多层焊每焊完一层焊道，必须严格清除渣壳，检查焊道，不得有缺陷，焊道表面应平整或稍下凹，与两侧坡口面熔合良好均匀，焊道两侧不得有死角。然后将焊丝向上移动4~5 mm后，再进行下一层焊道焊接。

（2）控制角变形。防止角变形产生的办法是采取对称焊，但对于厚板，由于翻转焊件很不方便，因此在实际操作时，将正面坡口焊至坡口深度2/3时，停止焊接，然后翻转焊件，再焊接背面焊缝（背面焊缝焊接操作将在后面叙述）。背面焊接完成后，再翻转焊件，焊接正面焊缝剩余1/3厚度。

（3）控制层间温度。保持层间温度在100~250 ℃范围内，以防止产生过热或裂纹。

（4）盖面焊。多层焊时填充层的最后一层焊道应低于母材表面 1~2 mm，并且不得熔化坡口棱边，使焊道表面平整或稍下凹。盖面层焊接时，可适当调节焊接工艺参数，使速度慢一些，将电压调至上限，以保证焊接每侧熔宽为 (3±1) mm，焊缝余高为 0~3 mm。

（5）背面焊。正面焊缝焊完后，利用碳弧气刨清除焊根，在背面刨出一定深度与宽度的槽形坡口，如图 4-27 所示。

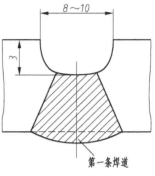

图 4-27　碳弧气刨坡口尺寸

碳弧气刨后，要彻底清除槽内和槽口表面两侧的熔渣，并用砂轮打磨表面后，方可进行背面焊缝的焊接。背面焊缝采用单道焊接。焊接操作同正面焊缝。

5. 焊接质量要求

V 形坡口中厚板对接埋弧焊试件的检查项目、检查数量和试样数量与本单元课题中 I 形坡口对接平焊质量要求相同。

课题 4-3　单层卷板容器筒体纵、环缝的埋弧焊

学习目标及技能要求

·掌握圆筒环缝、纵缝的焊接方法。

1. 焊前准备

（1）试件：圆筒形工件如图 4-28 所示。

（2）坡口形式：对于壁厚为中等厚度及中厚以下的容器焊接，常用的坡口形式有 I 形坡口、V 形坡口、X 形坡口等，可根据不同的情况来选用。

容器壁较薄时（6~14 mm），选用 I 形坡口，两面各焊一道（或正面焊一道，反面碳弧气刨清焊根后再焊一道），即可焊透。对于厚度在 14 mm 以上的板，为了保证焊接质量，应当进行开坡口焊接。组装后的小型容器，

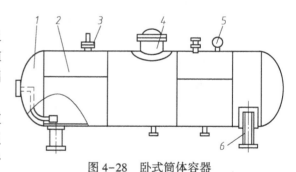

图 4-28　卧式筒体容器
1—封头；2—筒节；3—接管；4—入孔；5—压力表；6—支座

由于其内部焊接通风条件差，环缝的主要焊接工作应在外侧进行，这时应尽量采用不对称 X 形坡口（大口开在外侧）或 V 形坡口等。

（3）焊接材料：按容器材料选配焊丝、焊剂，焊丝直径 ϕ4.0mm 或 ϕ5.0mm。按规定对焊剂烘干。

（4）设备：MZ-1000 型埋弧焊机，碳弧气刨设备。

（5）辅助机具。

①伸缩臂式焊接操作机或悬臂式焊接升降架。

②长轴式焊接滚轮架或自调式滚轮架。

2. 确定焊接工艺参数

单层卷板容器筒体纵、环缝的焊接工艺参数选择参照表4-3和表4-7。

3. 操作要点与注意事项

（1）焊接顺序。应先焊筒节纵缝，焊好后校圆，再组装焊环缝。

（2）焊剂垫的使用。由于埋弧焊的电弧功率大，因此无论是焊接纵缝还是环缝，在焊第一面时，背面必须衬有焊剂垫（带钢垫者除外），以防烧穿。

①一般纵缝焊接所用的焊剂垫较简单，可以采用一段适当长度的槽钢，两端焊上挡板，或者用适当厚度的钢板做成一个长方形的盒子，如图4-29所示，在盒内装满焊剂即可使用。

②容器环缝焊接使用的焊剂垫有连续带式焊剂垫，如图4-30所示。但是它的灵活性、可靠性较差。目前应用较为广泛的是圆盘式焊剂垫，如图4-31所示。

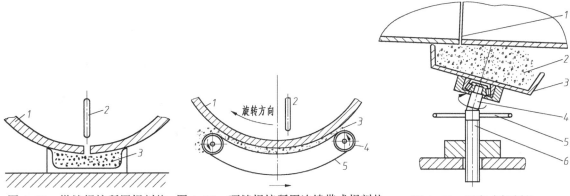

图4-29　纵缝焊接所用焊剂垫　　图4-30　环缝焊接所用连续带式焊剂垫　　图4-31　圆盘式焊剂垫
1—工件；2—焊丝；3—焊剂垫　　1—工件；2—焊丝；3—焊剂；4—带轮；5—传动带　　1—容器环缝；2—焊剂；3—圆盘；
　　　　　　　　　　　　　　　　　　　　　　　　　　　　　　　　　　　　　4—轴；5—手柄；6—丝杠

装满焊剂的圆盘与水平面成15°，它是通过摇动手柄来转动丝杠，实现其升降。焊剂垫应压在待焊容器环缝的下面（容器环缝位于圆盘最高部位略偏向里），焊接时容器的旋转带动圆盘随之转动，焊剂便不断进入到焊接部位。

（3）内、外纵缝的焊接。焊筒节纵缝时，一般先焊内纵焊缝，后焊外纵焊缝。焊内纵缝时可直接将筒节吊放于图4-30所示的长条形焊剂垫上，使焊口与焊剂垫内的焊剂被压实、压紧，以防止焊接过程中熔液下淌或烧穿。

焊接筒体外纵缝时，自动焊接小车可放置在悬壁式焊接升降架上，筒体则摆放在下面的滚轮转胎上，并使预焊的外纵焊缝处于焊件上面的中心位置，如图4-32所示。焊前可调节升降架的高度，以适应不同直径筒体纵缝的焊接需要。

（4）内、外环缝的焊接。焊筒体环缝时，同样先焊内环缝，后焊外环缝。

焊内环缝时，可使用伸缩臂式焊接操作机配合焊接滚轮架进行焊接。在焊口外侧焊接时，可配用连续带式或圆盘式焊剂垫。

焊外环缝时，同样可使用伸缩臂式焊接操作机或如图4-32所示的悬臂式焊接升降架配合焊接滚轮架进行焊接。

（5）环缝焊接时的焊丝偏移量。为保证焊缝成形良好，在进行环缝自动焊时，焊丝应逆工件旋转方向相对于焊件中心有一个偏移量,如图 4-33 所示。即内环缝焊接时,焊丝偏离中心线呈上坡焊;外环缝焊接时,偏离中心线呈下坡焊。这样才能使焊接内、外环缝的焊接熔池大致在处于水平位置时凝固,从而得到良好的焊缝成形。

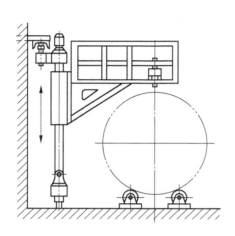

图 4-32　悬臂式焊接升降架

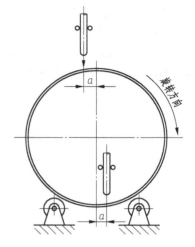

图 4-33　环缝焊接时焊丝偏移距离

根据筒体直径的不同,焊丝偏移量 a 的大小也不同,可参照表 4-7 进行选择。

根据实际焊缝成形的好坏,还可对 a 值大小进行相应的调整,如图 4-34 所示。

表 4-7　环缝焊接时焊丝相对焊件中心的偏移量

筒体直径(mm)	偏移距离 a
800~1000	20~25
<1500	30
<2000	35~40
<3000	40~50

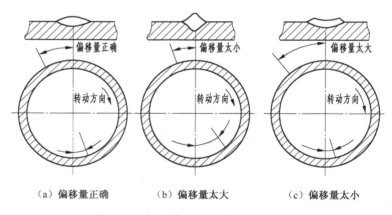

图 4-34　焊丝偏移量对焊缝形状的影响

(6)当焊接小直径的筒体时,由于焊剂的重力作用,焊剂容易下滑,不易堆积在熔池区。故必须采用焊剂保留盒,如图 4-35 所示。

(7)环缝焊接收尾。焊道必须首尾相接,重叠一定长度,一般约为 50 mm,至少也要重叠一个熔池的长度,同时避免弧坑出现。

(8)终端内环缝焊接。一是采用焊条电弧焊封底焊;二是采用专门改制的装置进行埋弧焊。

(9)容器筒体纵缝、环缝清焊根。筒体内纵缝焊后,采用碳弧气刨在筒体外侧清焊根,操作要点见课题 4-1。筒体内环缝焊后,从外侧进行清根。特殊情况要求先焊外纵缝、外环缝从内侧清根,再焊内纵缝和内环缝(如耐晶间腐蚀的不锈钢容器等)。对容器内、外环缝碳弧气刨清焊根的情况如图 4-36 所示,操作要点与从外部清焊根操作基本相同。

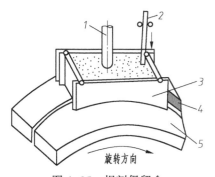

图 4-35　焊剂保留盒
1—焊剂输送管;2—焊丝;3—焊剂盒;
4—焊缝渣壳;5—焊件

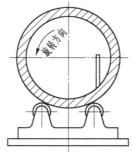

(a) 在内环缝上清焊根　　(b) 在外环缝上清焊根
图 4-36　对容器内、外环缝碳弧气刨清焊根
1—工件;2—电极(碳棒);3—滚轮架

4. 焊接质量要求

(1)环形焊缝的质量要求与平对接埋弧焊相同。要求焊缝外观成形整齐美观,无咬边、焊瘤及明显焊偏的现象。

(2)容器的焊接检验和焊缝质量要求,应按国家有关的《压力容器安全技术监察规程》和相关的专业技术标准进行验收。

5. 埋弧焊常见焊接缺陷、产生原因和防止措施

埋弧焊的常见焊接缺陷、产生原因和防止措施见表 4-8。

表 4-8　常见焊接缺陷、产生原因和防止措施

缺陷性质	产 生 原 因	防 止 措 施
气孔	(1)坡口及其附近表面或焊丝表面有油污、锈蚀等污物存在; (2)焊剂潮湿; (3)焊剂覆盖量不够,空气侵入熔池; (4)焊剂覆盖太厚,使熔池中气体逸出后排不出去; (5)焊接电流大; (6)有磁偏吹存在; (7)极性接反	(1)仔细清理焊丝表面,对坡口预先用钢丝刷除污,并用砂轮清理坡口附近表面,然后用火焰烘烤除油; (2)焊剂按规定温度烘干并保持恒温; (3)用钢丝刷回收焊剂; (4)扩大或缩小软管直径,使焊剂输送量适当减小; (5)适当减小焊接电流; (6)采用交流焊接; (7)调换极性
夹渣	(1)熔渣超前; (2)多层焊时,焊丝偏向一侧;或电流过小导致焊剂残留在两层焊道之间; (3)前一条焊道清渣不彻底; (4)对接时,根部间隙大于 0.8 mm,使焊剂流入电弧前的间隙; (5)表面焊时电压太高,使游离的焊剂卷入焊道	(1)放平焊件或加快焊接速度; (2)使焊丝始终对准坡口中心线,加大电流,使焊剂熔化干净; (3)每条焊道彻底清渣; (4)严格装配,保证根部间隙均匀且小于 0.8 mm; (5)表面焊时,控制电压不要过高

缺陷性质	产 生 原 因	防 止 措 施
咬边	(1)焊接速度过快; (2)电流与电压匹配不当(如焊接电流过大); (3)衬垫与焊件之间间隙过大,没有贴紧; (4)横角焊时,焊丝偏于底板,船形焊时,焊丝偏离焊缝中心; (5)极性不对	(1)放慢焊速; (2)调整焊接电流至合适; (3)使衬垫与焊件表面紧贴消除间隙; (4)横角焊时焊丝偏于立板,船形焊时焊丝对准中心线; (5)改变极性
满溢	(1)电流过大; (2)焊速过慢; (3)电压过低	调整工艺参数
烧穿	(1)电流过大; (2)焊速过慢且焊接电压过低; (3)局部间隙过大	(1)减小电流; (2)控制电压和焊速; (3)保证根部间隙不要过大
未焊透	(1)焊接工艺参数选择不当(电流过小、电压过高等); (2)坡口不合理; (3)焊丝偏离接口中心线	(1)调整焊接工艺参数; (2)修整坡口符合要求; (3)使焊丝对准接口中心线
裂纹	(1)焊件、焊丝、焊剂等材料配合不当; (2)焊丝中含碳量和含硫量较高; (3)焊接区冷却快,使热影响区硬化; (4)焊缝形状系数太小; (5)多层焊第一道焊道截面小; (6)焊接顺序不合理; (7)焊件刚度大	(1)合理选配焊接材料; (2)选用合格焊丝; (3)焊前预热焊后缓冷,降低焊速; (4)调整焊接工艺参数,改进坡口; (5)调整焊接工艺参数; (6)合理安排焊接顺序; (7)焊前预热及焊后缓冷
余高过大	(1)电流过大或电压过低; (2)上坡焊时倾角过大; (3)缝焊时焊丝位置不当(相当于焊件的直径和焊接速度); (4)衬垫焊时,焊件坡口间隙不够大	(1)调整焊接工艺参数; (2)调整上坡焊倾角; (3)确定正确的焊丝位置; (4)适当加大坡口间隙
宽度不均匀	(1)焊接速度不均匀; (2)焊丝导电不良	(1)找出原因,消除故障; (2)更换导电嘴衬套

6. 埋弧焊机的维修及故障排除

1)埋弧焊机的维护

通常各类埋弧焊机都由焊接小车(或焊头)、控制箱和焊接电源三部分组成,应注意下述各项维护工作:

(1)要保持焊机的清洁,保证焊机在使用过程中各部分动作灵活,特别是机头部分的清洁,避免焊剂、渣壳碎末阻塞活动部件。

（2）经常保持焊嘴与焊丝的接触良好，否则应及时更换，以防电弧不稳。

（3）定期检查焊丝输送滚轮磨损情况，并及时更换。

（4）对小车、焊丝输送机构减速箱内各运动部件应定期加润滑油。

（5）电缆的连接部分要保证接触良好。

2）埋弧焊机的常见故障及排除方法

埋弧焊机的常见故障及排除方法见表4-9。

表4-9 埋弧焊机常见故障及排除方法

故障特征	可能产生的原因	排除方法
当按下焊丝"向下""向上"按钮时，焊丝动作不对或不动作	（1）控制线路中有故障（如辅助变压器、整流器损坏，按钮接触不良）； （2）感应电动机方向接反； （3）发电机或电动机电刷接触不好	（1）检查上述部件并修复； （2）调换三相感应电动机的输入接线
按下"启动"按钮，线路正常工作，但不能引弧	（1）焊接电源未接通； （2）电源接触器接触不良； （3）焊丝与焊件接触不良； （4）焊接回路无电压	（1）接通焊接电源； （2）检查修复接触器； （3）清理焊丝与焊件的接触点
"启动"后，焊丝一直向上反抽	电弧反馈的46号线未接或断开（MZ-1000型）	将46号线接好
线路工作正常，焊接规范正确，但焊丝送进不均匀，电弧不稳	（1）焊丝送进压紧滚轮太松或已磨损； （2）焊丝被卡住； （3）焊丝送进机构有故障； （4）网路电压波动大	（1）调整或更换焊丝送进压紧滚轮； （2）清理焊丝； （3）检查焊丝送进机构； （4）焊机可使用专用线路
焊接过程中焊剂停止输送或输送量很小	（1）焊剂已用完； （2）焊剂漏斗闸门处被渣壳或杂物堵塞	（1）添加焊剂； （2）清理并疏通焊剂漏斗
焊接过程中一切正常，而焊车突然停止行走	（1）焊车离合器已脱开； （2）焊车轮被电缆等物阻挡	（1）关紧离合器； （2）排除车轮的阻挡物
按下"启动"按钮后，继电器作用，接触器不能正常作用	（1）中间继电器失常； （2）接触器线圈有问题； （3）接触器磁铁接触面生锈或污垢太多	（1）检修中间继电器； （2）检修接触器
焊丝没有与焊件接触，焊接回路有电	焊车与焊件之间绝缘被破坏	（1）检查焊车车轮绝缘情况； （2）检查焊车下面是否有金属与焊件短路
焊接过程中，机头或导电嘴的位置常改变	焊车有关部件存在游隙	检查消除游隙或更换磨损零件
焊机启动后，焊丝末端周期地与焊件粘住或常常断弧	（1）粘住是因为电弧电压太低，焊接电流太小或网路电压太低； （2）常常断弧是因为电弧电压太高，焊接电流太大或网路电压太高	（1）增加电弧电压或焊接电流； （2）减小电弧电压或焊接电流； （3）改善网路负荷状态

续表

故障特征	可能产生的原因	排除方法
焊丝在导电嘴中摆动,导电嘴以下的焊丝不时发红	(1)导电嘴磨损; (2)导电不良	更换新导电嘴
导电嘴末端随焊丝一起熔化	(1)电弧太长,焊丝伸出太短; (2)焊丝送进和焊车皆已停止,电弧仍在燃烧; (3)焊接电流太大	(1)增加焊丝送进速度和焊丝伸出长度; (2)检查焊丝和焊车停止的原因; (3)减小焊接电流
焊接电路接通时,电弧未引燃,而焊丝粘结在焊件上	焊丝与焊件之间接触太紧	使焊丝与焊件轻微接触
焊接停止后,焊丝与焊件粘住	(1)"停止"按钮按下速度太快; (2)不经"停止1"而直接按下"停止2"	(1)慢慢按下"停止"按钮; (2)先按"停止1",待电弧自然熄灭后,再按"停止2"

课题 4-4　H 型钢双丝双弧埋弧焊

学习目标及技能要求

· 了解双丝双弧埋弧焊的特点,能够进行两台埋弧焊机的安装、调整。

· 能够合理地选择焊接工艺参数进行中厚板双丝双弧自动埋弧焊的操作。

· 能够进行 H 型钢焊接前准备、焊接设备装置调整,并使用选定的焊接工艺参数进行双丝双弧单熔池的埋弧焊操作。

在焊接厚板时,若采用单丝埋弧焊,加大焊接电流和电弧电压,虽然可以增加焊丝填充量,提高焊接速度,但是由于热输入量大,热循环过程快,会引起焊缝金属组织粗大,冲击性能降低。而且,熔化金属可能来不及摊开,造成焊缝成形不美观。

双丝双弧埋弧焊由于是双电弧单熔池,不仅实现高速焊接,而且热循环过程相对较慢,有利于焊缝中微量元素的扩散,提高焊缝性能。

双丝双弧埋弧焊采用双电源,双焊丝(电极),前道直流后道交流。前电极为直流,采用大焊接电流、低电弧电压,充分发挥直流电弧的穿透力,获得大熔深;后电极为交流,采用相对较小焊接电流、大电弧电压,增加熔宽,克服前道大电流可能形成的熔化金属堆积,配合高速度焊接,从而形成美观的焊缝成形。

由于前道电弧给后道焊接提供了预热功能,还可以大幅度减低电力消耗。

双丝焊焊丝的排列一般选用纵向排列式,当两焊丝距离为 10~30 mm 之间时,两个电弧形成一个熔池,为单熔池式,如图 4-37(a)所示;当两焊丝距离大于 100 mm 时,每个电弧都各自熔化金属,形成双熔池,如图 4-37(b)所示,后继电弧作用在前导电弧已熔化而凝固的焊道上。这种工艺适合于板对接单面焊双面成形焊接。

1. 焊前准备

(1)试件材料:Q235。

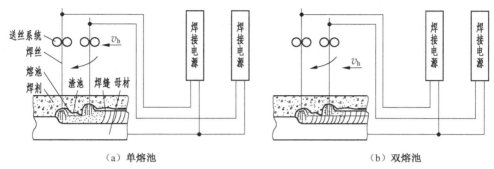

（a）单熔池 （b）双熔池

图 4-37 中厚板双丝双弧自动埋弧焊示意图

（2）试件尺寸：焊接 H 型钢 600 mm×200 mm×22 mm。

（3）坡口形式：I 形坡口板材角焊缝如图 4-38 所示。

（4）焊接要求：船形平焊，选择非焊透性和焊透性两种。

（5）焊接材料：焊丝牌号 H08MnA 或 H10Mn2，焊丝直径 ϕ4.0 mm 或 ϕ5.0 mm，选用的焊接材料应具有相应的质量证明书，焊丝表面镀铜层应均匀、光滑、无锈和油等污物；焊剂采用 SJ101 焊剂，烘干温度 300~400 ℃，恒温 2h，随用随取。

（6）焊接设备采用双电源 LINCOLN 之 DC-1500（或者 DC-1000）、AC-1200，双电极（焊丝），控制箱为 NA-4、NA-3S，另配集成控制箱。焊接设备安装、调整如下：

①双丝埋弧自动焊焊接设备由主横梁和立柱构成半龙门架的主体，焊接电源安装于与主横梁相连接的走台上。在两根主横梁之间设有可沿主横梁纵向移动的行走台车，行走台车上部安装焊剂回收等辅助装置。

②双丝埋弧自动焊焊接小车及小车行走轨道安装在旋转变换的微调装置平台上，在实施焊接时，焊接小车沿变位架的长度方向行走而完成焊接。

③焊接设备可焊接的焊缝长度≤6 m。

④焊接速度为 150~1500 mm/min。

2. 试件装配

（1）焊前清理。清除焊件坡口及坡口两侧各宽 30 mm 范围内的氧化物、水分、油污等。

（2）焊件装配板材必须平整，装配间隙公差为（0~1）mm。

（3）装配定位焊可采用焊条电弧焊，焊接材料必须选用与焊件等强度。选用焊条 E5015，ϕ4.0 mm 烘干温度 350~400 ℃，恒温 1~2 h，或采用 CO_2 焊，选用 ER50-6，ϕ1.0 mm 焊丝。

（4）定位焊缝。不开坡口的对接焊缝，焊缝高度不应超过 3 mm；开坡口的对接焊缝，不应超过坡口高度的 1/2。定位焊焊缝长度一般为 30~40 mm；高强度钢为 50~60 mm。定位焊不允许有气孔、夹渣、裂纹、焊穿等缺陷。

（5）焊件装配过程中，在焊缝始端和末端必须安装引、熄弧板，其尺寸为（150×200）mm，厚度与焊件相同或大于焊件 1~2 mm。

（6）引、熄弧板的安装，必须保证与拼板的背面齐平。

3. 焊接 H 型钢主焊缝的非全焊透焊接工艺

（1）双丝双弧埋弧焊由于是双电弧单熔池，不仅实现高速焊接，而且热循环过程相对较慢,有利于焊缝中微量元素的扩散,提高焊缝性能。

（2）双丝双弧埋弧焊采用双电源,双焊丝（电极）,前道直流后道交流。前电极为直流,采用大焊接电流低电弧电压,充分发挥直流电弧的穿透力,获得大熔深;后电极为交流,采用相对较小焊接电流大电弧电压,增加熔宽,克服前道大电流可能形成的熔化金属堆积,配合高速度焊接,从而形成美观的焊缝成形。

（3）焊接 H 型钢主焊缝非全焊透焊接示意图如图 4-38 所示,焊接 H 型钢主焊缝非全焊透焊接工艺参数见表 4-10。

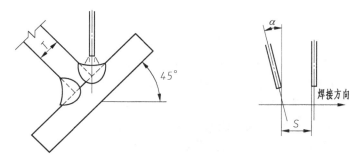

图 4-38　焊接 H 型钢主焊缝非全焊透焊接

表 4-10　焊接 H 型钢主焊缝非全焊透焊接工艺参数

腹板厚度（T, mm）	12	14	16	18	22	25
焊接电流（A）	DC = 750	DC = 825	DC = 900	DC = 1075	DC = 1100	DC = 1100
	AC = 550	AC = 600	AC = 700	AC = 750	AC = 850	AC = 850
电弧电压（V）	DC = 28	DC = 30	DC = 32	DC = 34	DC = 37	DC = 37
	AC = 30	AC = 33	AC = 34	AC = 36	AC = 39	AC = 39
焊丝直径（mm）	5.0	5.0	5.0	5.0	5.0	5.0
电极角度（α）	DC = 0	DC = 0	DC = 0	DC = 0	DC = 0	DC = 0
	AC = 12	AC = 12	AC = 12	AC = 12	AC = 12	AC = 12
焊接速度（mm/min）	1700	1270	1000	740	540	370
电极间距（S, mm）	16	16	19	19	19	22
焊丝伸出长度（mm）	25	32	38	45	50	50
焊脚尺寸（K, mm）	6.5	8	10	13	16	19

4. 焊接 H 型钢主焊缝的全焊透焊接工艺

（1）在双丝双弧埋弧焊条件下,可以满足 22 mm 以下腹板不开坡口而直接实现全焊透焊接,从而避免了开坡口、气保焊打底、清根等工序,不仅大幅度提高了生产效率,还降低了焊接变形,大幅降低了成本。

（2）不开坡口焊接 H 型钢主焊缝的全焊透焊接示意图如图 4-39 所示,焊接工艺参数见表 4-11。

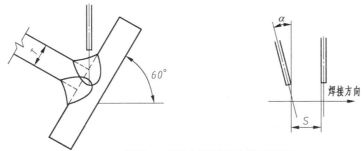

图 4-39 焊接 H 型钢主焊缝的全焊透焊接

表 4-11　焊接 H 型钢主焊缝的全焊透焊接工艺参数

腹板厚度(T,mm)	12	14	16	18	22	25
焊接电流(A)	DC=850	DC=950	DC=1000	DC=1025	DC=1075	DC=1100
	AC=575	AC=650	AC=700	AC=750	AC=800	AC=850
电弧电压(V)	DC=30	DC=32	DC=33	DC=34	DC=36	DC=37
	AC=32	AC=33	AC=34	AC=36	AC=38	AC=39
焊丝直径(mm)	DC=5.0	DC=5.0	DC=5.0	DC=5.0	DC=5.0	DC=5.0
	AC=4.0	AC=5.0	AC=5.0	AC=5.0	AC=5.0	AC=5.0
电极角度(α)	DC=0	DC=0	DC=0	DC=0	DC=0	DC=0
	AC=15	AC=15	AC=12	AC=12	AC=12	AC=10
焊接速度(mm/min)	1270	1020	900	762	610	450
电极间距(mm)	16	19	19	19	19	22
焊丝伸出长度(mm)	25	32	38	45	50	50
焊脚尺寸(K,mm)	6.3	8	10	11	14	16

5. 焊接操作顺序和要求

(1)焊接前,被焊钢板吊入焊接平台后进行装配定位;焊工需调节焊接小车上两电极焊丝的角度及间距,具体调节尺寸如图 4-38、图 4-39 和表 4-10、表 4-11 所示。

(2)操纵系统控制盒并调节半龙门移动的速度,高速(快车)向焊缝一侧移动。同时将半龙门上的行走台车移动到恰当的位置、立柱调整装置下降到合适的高度并调整好旋转变换装置的角度,以使旋转变换装置在迅速接近焊缝时初步地对准焊缝。

(3)当旋转变换装置靠近焊缝时,调节半龙门和行走台车装置移动的速度,逐步降低速度(慢车)向焊缝对准。

(4)立柱调整装置下降,使旋转变换装置自由坐落在被焊钢板的一侧,同时立柱调整装置自动停止下降。

(5)操纵微调装置,将焊接小车的导轨调整至与焊缝基本平行。

(6)将旋转变换装置上的埋弧焊接小车对准焊接起点,调整或检查设定的焊接工艺参数,按下埋弧焊接小车操作控制箱上的有关按钮,焊接小车自动行走、启动焊接电源开始焊接。

(7)当焊接小车行走到焊缝终点,关闭焊接电源,小车停止行走,焊接结束。

(8)如果焊接厚钢板需要采取多道焊时,重复步骤(6)和(7)。

第五章　二氧化碳（CO_2）气体保护焊

学习目标及技能要求

· 能够正确选择半自动二氧化碳气体保护焊焊接工艺参数。

· 能够进行半自动二氧化碳气体保护焊板对接各种位置的单面焊双面成形操作。

二氧化碳气体保护焊是用 CO_2 作为保护气体,依靠焊丝与焊件之间产生电弧熔化金属的气体保护焊方法,简称 CO_2 焊,其焊接过程如图 5-1 所示。

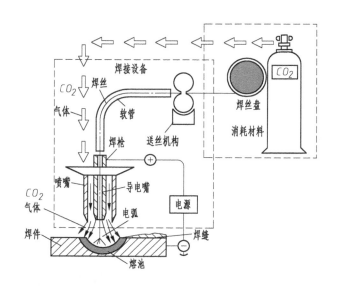

图 5-1　CO_2 气体保护焊焊接过程示意图

1. CO_2 气体保护焊的设备

（1）CO_2 焊机主要由焊接电源、焊枪及送丝机构、CO_2 供气装置、控制系统等组成,如图 5-2 所示。按操作方式可分为 CO_2 半自动焊和 CO_2 自动焊。

（2）CO_2 半自动焊送丝机构为等速送丝,其送丝方式有推丝式、拉丝式和推拉式三种,如图 5-3 所示。

2. CO_2 气体保护焊的焊接工艺参数

CO_2 气体保护焊的焊接工艺参数主要包括:焊丝直径、焊接电流、电弧电压、焊接速度、焊丝伸出长度、气体流量、电源极性等。焊接电流与工件的厚度、焊丝直径、施焊位置以及熔滴过渡形式有关,通常用直径为 $\phi 0.8 \sim \phi 1.6$ mm 的焊丝,在短路过渡时,焊接电流在 $50 \sim 230$ A 范围内选择;粗滴过渡时,焊接电流在 $250 \sim 500$ A 范围内选择。焊接电流与其他焊接条件的关系见表 5-1。

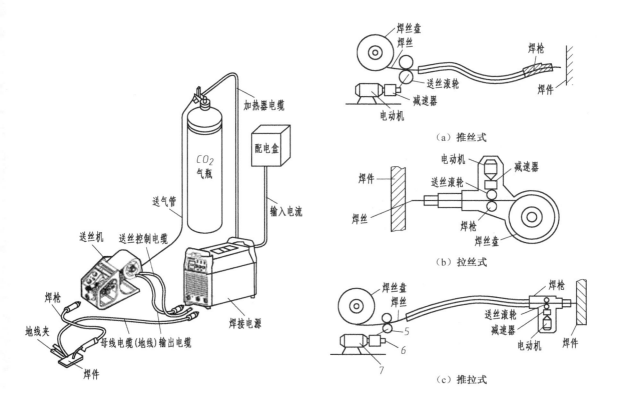

图 5-2 二氧化碳气体保护焊设备连接图   图 5-3 二氧化碳气体半自动焊送丝机构

表 5-1 焊接电流与其他焊接条件的关系

焊丝直径(mm)	焊件厚度(mm)	施焊位置	焊接电流(A)	熔滴过渡形式
0.5~0.8	1~2.5	各种位置	50~160	短路过渡
	2.5~4	平焊	150~250	粗滴过渡
1.0~1.2	2~8	各种位置	90~180	短路过渡
	2~12	平焊	220~300	粗滴过渡
≥1.6	3~16	立、横、仰焊	100~180	短路过渡
	>6	平焊	350~500	粗滴过渡

除上述参数外,焊枪角度、焊枪与母材的距离等因素对焊接质量也有影响,如图 5-4 所示。

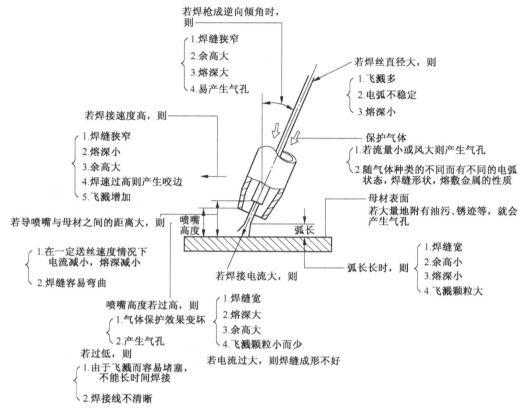

图 5-4　焊接条件对焊接质量的影响

课题 5-1　二氧化碳气体保护焊平敷焊

学习目标及技能要求

· 掌握焊机外部接线、焊机操作及各种开关和按钮的使用方法。

· 能够正确选择并调节 CO_2 焊焊接工艺参数。

· 掌握左向焊法和右向焊法。

1. 焊前准备

（1）试件材料：Q235。

（2）试件尺寸：300 mm×120 mm×8 mm。

（3）焊接材料：焊丝牌号，ER49-1（H08Mn2SiA），直径 $\phi1.0$ mm 或 $\phi1.2$ mm。

（4）焊机准备。

①选用 NBC1-300 型 CO_2 半自动焊接机，配有平硬外特性电源、CO_2 气瓶减压流量调节器，其焊机接线如图 5-5 所示。配用推丝式送丝机构，如图 5-6 所示。

②焊机的接线操作步骤及要求。

a. 查明焊接电源所规定的输入电压、相数、频率，确保与电网相符后再接入配电盘上。

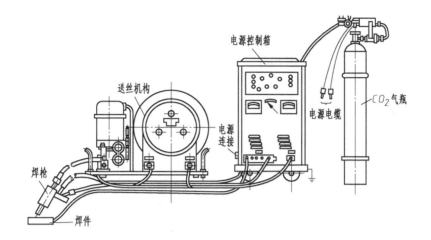

图 5-5　NBC1-300 型焊机外部接线示意图

b. 电源接地线。

c. 焊接电源输出端负极与母材连接，正极与焊枪供电部分连接。

d. 连接控制箱和送丝机构的控制电缆。

e. 安装 CO_2 气体减压流量调节器，并将出气口与送丝机构的气管连接。

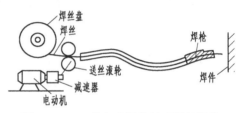

图 5-6　CO₂ 半自动焊推丝式送丝机构

f. 将减压流量调节器上的电源插头（预热作用）插入焊机的专用插座上。

g. 焊丝送丝机构与焊枪连接。

③焊机操作。

a. 接通配电盘开关，合上电源控制箱上的转换开关，这时电源指示灯亮，电源电路进入工作状态。

b. 扣动焊枪开关，打开气阀调节 CO_2 气体流量。

c. 将送丝机构上的焊丝嵌入滚轮槽里，按下加压杠杆调整压力，并把焊丝送入焊枪。点动焊枪开关使焊丝伸出导电嘴 20 mm 左右。操作准备时应注意使焊丝和焊枪远离焊件，以防短路。

CO_2 气体保护焊控制程序如图 5-7 所示。

2. 焊前清理

清理钢板上的油污、锈蚀、水分及其他污物，直至露出金属光泽。在钢板长度方向每隔 30 mm 用粉笔划一条直线，作为焊接时的运丝轨迹，如图 5-8 所示。为防止飞溅物堵塞喷嘴，在喷嘴上涂一层喷嘴防堵剂。

3. 确定焊接工艺参数

平敷焊焊接工艺参数选择见表 5-2。

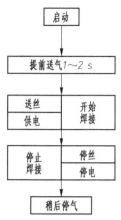

图5-7 CO_2气体保护焊控制程序图

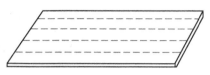

图5-8 平敷焊试件图

表5-2 平敷焊焊接工艺参数

焊丝直径（mm）	焊接电流（A）	电弧电压（V）	焊接速度（m/h）	气体流量（L/min）
1.0 或 1.2	130~150	22~26	20~30	10~15

4. 焊接过程

CO_2气体保护焊平敷焊焊接过程。

1）引弧

采用短路法引弧，引弧前先将焊丝端头较大直径球形剪去，使之呈锐角，以防产生飞溅。同时保持焊丝端头与焊件相距2~3 mm（见图5-9），喷嘴与焊件相距10~15 mm。按动焊枪开关，随后自动送气、送电、送丝，直至焊丝与工作表面相碰短路，引燃电弧。此时焊枪有抬起趋势，须控制好焊枪，然后缓慢引向待焊处，当焊缝金属熔合后，再以正常焊接速度施焊。

2）直线焊接

直线无摆动焊接形成的焊缝宽度稍窄，焊缝偏高，熔深较浅。整条焊缝往往在始焊端、焊缝的连接处、终焊端等处最容易产生缺陷，所以应采取特殊处理措施。

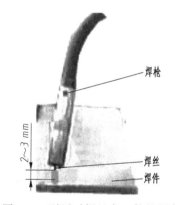

图5-9 引弧时焊丝离工件的距离

①始焊端。焊件始焊端处于较低的温度，应在引弧之后，先将电弧稍微拉长一些，对焊缝端部适当预热，然后再压低电弧进行起始端焊接[见图5-10(a)、(b)]，这样可以获得具有一定熔深和成形比较整齐的焊缝。图5-10(c)为采取过短的电弧起焊而造成的焊缝成形不整齐，应当避免。

重要构件的焊接，可在焊件端加引弧板，将引弧时容易出现的缺陷留在引弧板上，如图5-11所示。

②焊缝接头。焊缝接头连接的方法有直线无摆动焊缝连接方法和摆动焊缝连接方法两种，如图5-12所示。

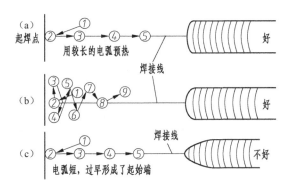

图 5-11 使用引弧板示意图

（a）长弧预热起焊的直线焊接 （b）长弧预热起焊的
摆动焊接 （c）短弧起焊的直线焊接

图 5-10 起始端运丝法对焊缝成形的影响

a. 直线无摆动焊缝连接的方法。在原熔池前方 10~20 mm 处引弧,然后迅速将电弧引向原熔池中心,待熔化金属与原熔池边缘吻合填满弧坑后,再将电弧引向前方,使焊丝保持一定的高度和角度,并以稳定的速度向前移动,如图 5-12（a）所示。

b. 摆动焊缝连接的方法。在原熔池前方 10~20 mm 处引弧,然后以直线方式将电弧引向接头处,在接头中心开始摆动,在向前移动的同时逐渐加大摆幅(保持形成的焊缝与原焊缝宽度相同),最后转入正常焊接,如图 5-12（b）所示。

③终焊端。焊缝终焊端若出现过深的弧坑,会使焊缝收尾处产生裂纹和缩孔等缺陷。所以在收弧时,如果焊机没有电流衰减装置,应采用多次断续引弧方式填充弧坑,直至将弧坑填平,并且与母材圆滑过渡,如图 5-13 所示。

④焊枪的运动方法。有左向焊法和右向焊法两种。焊枪自右向左移动称为左向焊法,自左向右移动称为右向焊法,如图 5-14 所示。

a. 采用左向焊法操作时,电弧的吹力作用在熔池及其前沿处,将熔池金属向前推延,由于电弧不直接作用在母材上,因此熔深较浅,焊道平坦且变宽,飞溅较大,保护效果好。采用左向焊法虽然观察熔池存在困难,但易于掌握焊接方向,不易焊偏,如图 5-14（a）所示。

b. 右向焊法操作时,如图 5-14（b）所示。电弧直接作用到母材上,熔深较大,焊道窄而高,飞溅略小,但不易准确掌握方向,容易焊偏,尤其是对接焊时更明显。一般 CO₂ 焊时均采用左向焊法,前倾角为 $10°~15°$。

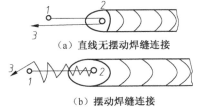

（a）直线无摆动焊缝连接

（b）摆动焊缝连接

图 5-12 焊缝接头连接方法

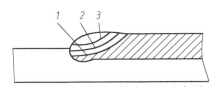

图 5-13 断续引弧填充弧坑示意图

3）摆动焊接

CO₂ 半自动焊时,为了获得较宽的焊缝,往往采用横向摆动运丝方式。常用的摆动方式有锯齿形、月牙形、正三角形、斜圆圈形等,如图 5-15 所示。

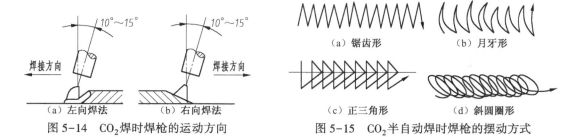

图 5-14　CO_2 焊时焊枪的运动方向　　　　图 5-15　CO_2 半自动焊时焊枪的摆动方式

摆动焊接时,横向摆动运丝角度和起始端的运丝要领与直线无摆动焊接一样。在横向摆动运丝时要注意:左右摆动的幅度要一致,摆动到中间时速度应稍快,而到两侧时要稍作停顿;摆动的幅度不能过大,否则部分熔池不能得到良好的保护作用。一般摆动幅度限制在喷嘴内径的 1.5 倍范围内。运丝时以手腕作辅助,以手臂操作为主控制并掌握运丝角度。

5. 焊接质量要求

(1)焊缝边缘直线度 ≤2 mm,焊缝宽度差 ≤3 mm(任意焊缝长度在 300 mm 范围内)。

(2)焊缝与焊件圆滑过渡;焊缝余高 0~3 mm,余高差 ≤2 mm。

(3)焊缝表面不得有裂纹、未熔合、夹渣、气孔、焊瘤等缺陷。

(4)焊缝边缘咬边深度 ≤0.5 mm,焊缝两侧咬边总长度不得超过焊缝长度的 10%。

(5)焊件表面非焊道上不应有引弧痕迹。

课题 5-2　二氧化碳气体保护焊横角焊

学习目标及技能要求

·掌握 CO_2 焊横角焊的操作方法。

1. 焊前准备

(1)试件材料:Q235。

(2)试件尺寸:200 mm×100 mm×10 mm 一块,200 mm×50 mm×10 mm 两块,I 形坡口,如图 5-16 所示。

(3)焊接材料:焊丝 E49-1(H08Mn2SiA),直径 1.2mm。

(4)焊机:NBC1-300 型,直流反接。

2. 试件装配

(1)焊前清理。清理坡口及坡口正反面两侧各 20 mm 范围内的油污、锈蚀、水分及其他污物,直至露出金属光泽。为便于清理飞溅物和防止堵塞喷嘴,可在焊件表面涂上一层飞溅防粘剂,或在喷嘴上涂一层喷嘴防堵剂。

(2)装配间隙。组对间隙为 0~2 mm。

(3)定位焊。定位焊采用与焊接试件相同型号的焊丝,定位焊的位置应在试件两端的对称处,将试件组焊成 T 字形接头,四条定位焊缝长度均为 10~15 mm。定位完毕矫正焊件,保证立板与平板间的垂直度。

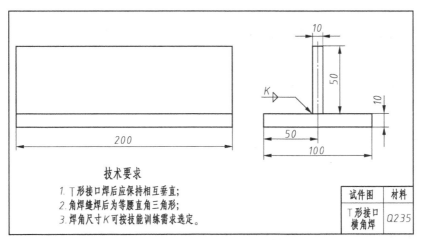

技术要求
1. T形接口焊后应保持相互垂直；
2. 角焊缝焊后为等腰直角三角形；
3. 焊角尺寸 K 可按技能训练需求选定。

试件图	材料
T形接口 横角焊	Q235

图 5-16 CO_2气体保护平角焊训练图样

3. 确定焊接工艺参数

CO_2焊横角焊焊接工艺参数选择见表 5-3。

表 5-3 CO_2焊横角焊焊接工艺参数

焊接层次	焊丝直径（mm）	伸出长度（mm）	焊接电流（A）	电弧电压（V）	气体流量（L/min）	运丝方式
一层一道	1.2	13~18	220~250	25~27	15~20	斜圆圈形或锯齿形运丝法

4. 焊接过程

CO_2气体保护焊横角焊焊接过程

1）引弧

采用左向焊法，操作时，将焊枪置于右端引弧，如图 5-17 所示。

2）焊接

焊枪指向距离根部 1~2 mm 处。如果焊枪对准的位置不正确，引弧电压过低或焊速过慢都会使熔液下淌，造成焊缝的下垂，如图 5-18（a）所示；如果引弧电压过高、焊速过快或焊枪朝向垂直板，致使母材温度过高，则会引起焊缝咬边，产生焊瘤，如图 5-18（b）所示。

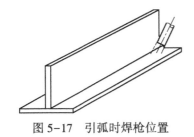

图 5-17 引弧时焊枪位置

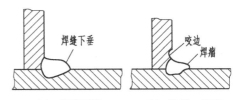

（a）焊缝下垂　　（b）咬边、焊瘤

图 5-18 横角焊缝的缺陷

由于采用较大的焊接电流，焊接速度可稍快，同时要适当地做横向摆动，焊枪角度如图 5-19 所示。

焊接过程中要始终控制焊脚尺寸,并保证焊道与焊件良好熔合。

3)收弧

焊至终焊端填满弧坑,稍停片刻缓慢地抬起焊枪完成收弧,如图 5-20 所示。

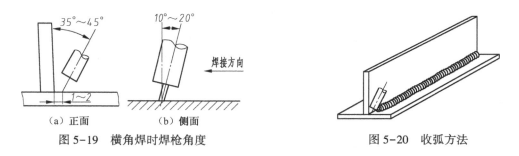

图 5-19 横角焊时焊枪角度   图 5-20 收弧方法

课题 5-3 二氧化碳气体保护焊 V 形坡口对接平焊

学习目标及技能要求

·掌握 CO_2 焊 V 形坡口对接平焊的操作方法。

1. 焊前准备

(1)试件材料:Q235。

(2)试件尺寸:300 mm×200 mm×12 mm,V 形坡口,坡口尺寸如图 5-21 所示。

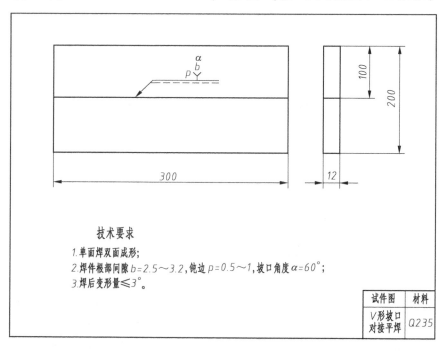

技术要求

1.单面焊双面成形;

2.焊件根部间隙 b=2.5～3.2,钝边 p=0.5～1,坡口角度 α=60°;

3.焊后变形量≤3°。

试件图	材料
V形坡口对接平焊	Q235

图 5-21 V 形坡口对接平焊试件图

（3）焊接要求：单面焊双面成形。

（4）焊接材料：焊丝 ER49-1（H08Mn2SiA），直径 ϕ1.2 mm。

（5）焊机：NBC1-300 型，直流反接。

2. 试件装配

（1）钝边。修磨钝边 0.5~1 mm，去除毛刺。

（2）焊前清理。清理坡口及坡口正反面两侧各20 mm范围内的油污、锈蚀、水分及其他污物，直至露出金属光泽。为便于清除飞溅物和防止堵塞喷嘴，可在焊件表面涂上一层飞溅防粘剂，在喷嘴上涂一层喷嘴防堵剂。

（3）装配间隙。始焊端 2.5 mm，终焊端 3.2 mm；错边量≤0.5 mm。

（4）定位焊。在试件坡口内定位焊，焊缝长度 10~15 mm。

（5）反变形量。预置反变形量为 3°，如图 5-22 所示。

3. 焊接工艺参数

V 形坡口对接平焊焊接工艺参数选择见表 5-4。

表 5-4　V 形坡口对接平焊焊接工艺参数

焊接层次	焊丝直径（mm）	焊接电流（A）	电弧电压（V）	运丝方式	气体流量（L/min）
打底焊		110~130	18~20	锯齿形或月牙形运条法	
填充焊	1.2	130~150	24~26	锯齿形或月牙形运条法	15~20
盖面焊		140~160	25	锯齿形或月牙形运条法	

4. 焊接过程

采用左向焊法，焊接层次为三层三道，焊道分布如图 5-23 所示。

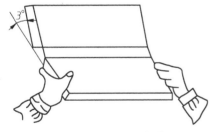

图 5-22　预置反变形

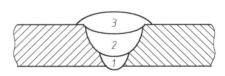

图 5-23　焊道分布

V 形坡口对接平焊焊接过程。

1）打底焊

（1）引弧。将试件始焊端（间隙小的一端）放于右侧，在离试件端部 20 mm 坡口内的一侧引弧，然后开始向左焊接打底焊道，焊枪角度如图 5-24 所示。焊枪沿坡口两侧做小幅度横向摆动，控制电弧在离底边 2~3 mm 处燃烧，并在坡口两侧稍微停留 0.5~1 s。焊接时应根据间隙大小和熔孔直径的变化调整横向摆动幅度和焊接速度，尽可能维持熔孔直径不变，以获得宽窄和高低均匀的背面焊缝，如图 5-25 所示，严防烧穿。

（2）控制熔孔的大小。这决定背部焊缝的宽度和余高，要求在焊接过程中控制熔孔直径始终比间隙大 0.5~1 mm，如图 5-26 所示。

（3）控制电弧在坡口两侧的停留时间,以保证坡口两侧熔合良好,使打底焊道两侧与坡口结合处稍下凹,焊道表面平整,如图5-27所示。

（4）控制喷嘴的高度。电弧必须在离坡口底部2~3 mm处燃烧,保证打底层厚度不超过4 mm。

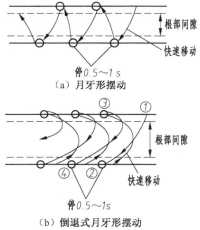

图5-25　V形坡口对接平焊焊枪摆动方式

图5-24　打底焊焊枪角度

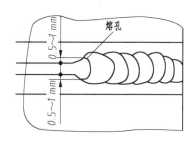

图5-26　平焊时熔孔的控制尺寸

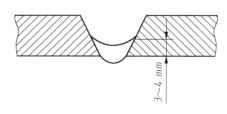

图5-27　打底焊道

打底焊焊缝,如图5-28所示。

2）填充焊

调试填充层焊接工艺参数,按图5-29所示的焊枪角度从试板右端开始焊填充层,焊枪的横向摆动幅度稍大于打底层焊缝宽度。注意熔池两侧熔合情况,保证焊道表面平整并稍下凹,并使填充层的高度低于母材表面1.5~2 mm,焊接时不允许熔化坡口棱边,如图5-30所示。

图5-28　打底焊焊缝背面

图5-29　填充焊焊枪角度

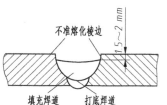

图5-30　填充焊道

3）盖面焊

调试好盖面层焊接工艺参数后,按图5-31所示的焊枪角度从右端开始焊接,需注意下列事项:

①保持喷嘴高度,焊接熔池边缘应超过坡口棱边0.5~2.5 mm,并防止咬边。

②焊枪横向摆动幅度应比填充焊时稍大,尽量保持焊接速度均匀,使焊缝外观成形平滑,盖面焊焊缝如图5-32所示。

③收弧时要填满弧坑,收弧弧长要短,熔池凝固后方能移开焊枪,以免产生弧坑裂纹和气孔。

图5-31　盖面焊操作

图5-32　盖面焊焊缝

5. 焊接质量要求

(1)试件检查项目、检查数量和试样数量:外观检查1件,射线透照1件,侧弯试验试样2件。

(2)外观检查。

①焊缝边缘直线度≤2 mm;焊道宽度比坡口每侧增宽0.5~2.5 mm,宽度差≤3 mm。

②焊缝与母材圆滑过渡;焊缝余高0~3 mm,余高差≤2 mm;背面凹坑≤2 mm,长度不得超过焊缝长度的10%。

③焊缝表面不得有裂缝、未熔合、夹渣、气孔、焊瘤等缺陷。

④焊缝边缘咬边深度≤0.5 mm,焊缝两侧咬边总长度不得超过焊缝长度的10%。

⑤焊件表面非焊道上不应有引弧痕迹,试件变形量<3°,错边量≤1.2 mm。

(3)射线透照应符合行业标准相关规定,射线透照质量不应低于AB级,焊缝缺陷等级不低于Ⅱ级为合格。

(4)进行弯曲试验,弯曲角度为90°(弯轴直径为3倍板厚)。弯曲后,试样拉伸面上不得有任一单条长度大于3 mm的裂纹或缺陷。两个冷弯试样都合格时,弯曲试验为合格。

课题5-4　二氧化碳气体保护焊V形坡口对接横焊

学习目标及技能要求

· 掌握CO₂焊V形坡口对接横焊的操作方法。

1. 焊前准备

(1)试件材料:Q235。

（2）试件尺寸：300 mm×200 mm×12 mm，V形坡口，坡口尺寸如图5-33所示。

（3）焊接要求：单面焊双面成形。

（4）焊接材料：焊丝 ER49-1（H08Mn2SiA），直径 ϕ1.0 mm 或 ϕ1.2 mm。

（5）焊机：NBC1-300 型，直流反接。

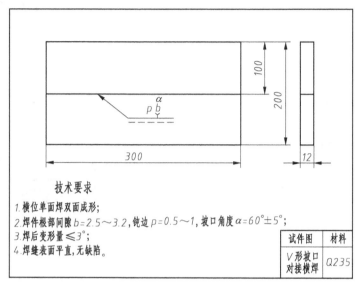

图5-33　V形坡口对接横焊试件图

2. 试件装配

（1）钝边。修磨钝边 0.5~1 mm，去除毛刺。

（2）焊前清理。清理坡口及坡口正反面两侧各 20 mm 范围内的油污、锈蚀、水分及其他污物，直至露出金属光泽。为便于清除飞溅物和防止堵塞喷嘴，可在焊件表面涂上一层飞溅防粘剂，在喷嘴上涂一层喷嘴防堵剂。

（3）装配间隙。距离始焊端 2.5 mm，终焊端 3.2 mm；错边量≤1.2 mm。

（4）定位焊。在试件坡口内定位焊，焊缝长度为 10~15 mm。

（5）反变形量。预置反变形量为 3°~4°。

3. 焊接工艺参数

V形坡口对接横焊焊接工艺参数选择见表5-5。

表5-5　V形坡口对接横焊焊接工艺参数

焊接层次	焊丝直径(mm)	焊接电流(A)	电弧电压(V)	运丝方式	气体流量(L/min)
打底焊(1)		90~100	18~20	锯齿形或斜圆圈形运丝法	
填充焊(2)	1.0	110~120	20~22	斜圆圈形运丝法	10~15
盖面焊(3)		110~120	20~22	斜圆圈形运丝法	
打底焊(1)		100~110	20~22	锯齿形或斜圆圈形运丝法	
填充焊(2)	1.2	130~150	20~22	斜圆圈形运丝法	15~20
盖面焊(3)		130~150	20~24	斜圆圈形运丝法	

4. 焊接过程

横焊时,熔池虽有下面母材支撑而较易操作,但焊道表面不易对称,所以焊接时,必须使熔池尽量小。同时采用多道焊的方法来调整焊道表面形状,最后获得较对称的焊缝外形。

横焊时采用左向焊法,三层六道,焊道分布如图 5-34 所示。将试板垂直固定在焊接夹具上,焊缝处于水平位置,间隙小的一端放于右侧。

V 形坡口对接横焊焊接过程。

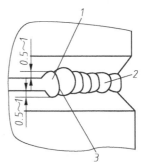

图 5-34　对接
横焊焊道分布

1)打底焊

调试好焊接工艺参数后,按图 5-35 所示的焊枪角度,从右向左进行焊接。

在试件定位焊缝上引弧,以小幅度锯齿形或斜圆圈形运丝摆动,自右向左焊接,并保持熔孔边缘超过坡口上下棱边0.5～1 mm,如图 5-36 所示。

焊接过程中要仔细观察熔池和熔孔,根据间隙调整焊接速度及焊枪摆幅,尽可能地维持熔孔直径不变,焊至左端收弧。

采用小幅度锯齿形和斜圆圈形运丝法焊接打底层焊道。

若打底焊过程中电弧中断,则应按下述步骤接头:

①将接头处焊道打磨成斜坡。

②在斜坡的高处引弧,并以小幅度锯齿形运丝摆动,当接头区前端形成熔孔后,继续焊完打底焊道。

打底焊焊缝,如图 5-37 所示。

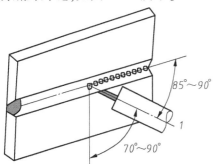

（a）打底焊示意图

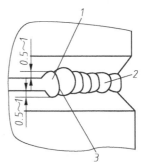

图 5-36　横焊时熔孔的控制
1—熔孔;2—焊道;3—熔池

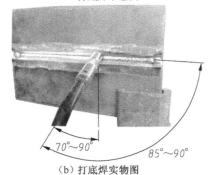

（b）打底焊实物图
图 5-35　对接横焊打底焊时焊枪角度

图 5-37　对接横焊打底焊焊缝

2）填充焊

调试好填充焊参数，按图 5-38 所示的焊枪对中位置及角度进行填充焊道 2 与 3 的焊接。整个填充焊层厚度应低于母材 1.5～2 mm，且不得熔化坡口棱边。

填充层焊道从下往上排列，要求相互重叠 1/2～2/3 为宜，并保持各焊道的平整，防止焊缝两侧产生咬边。

①填充焊道 2 时，焊枪呈 0°～10°俯角，电弧以打底焊道的下缘为中心做横向斜圆圈形摆动，保证下坡口熔合好。

②填充焊道 3 时，焊枪呈 0°～10°仰角，电弧以打底焊道的上缘为中心，在焊道 2 和上坡口面间摆动，保证熔合良好，重叠前一焊道 1/2～2/3。

③清除填充焊道的表面飞溅物，并用角向磨光机打磨局部凸起处。

3）盖面焊

调试好盖面焊参数，按图 5-39 所示的焊枪对中位置及角度进行盖面焊道 4、5、6 的焊接。操作要领基本同填充焊。

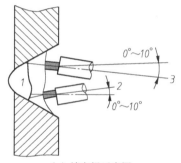

（a）填充焊示意图

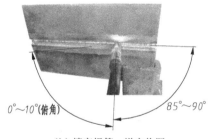

（b）填充焊第一道实物图

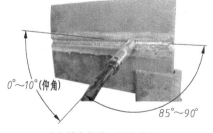

（c）填充焊第二道实物图

图 5-38　对接横焊填充焊时焊枪角度

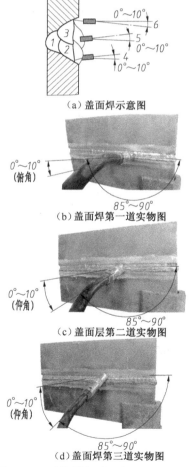

（a）盖面焊示意图

（b）盖面焊第一道实物图

（c）盖面层第二道实物图

（d）盖面焊第三道实物图

图 5-39　对接横焊盖面焊时焊枪角度

盖面层的焊接电流可略微减小，防止熔敷金属下淌，造成焊道成形不规则。

盖面焊焊缝，如图 5-40 所示。

5. 焊接质量要求

V 形坡口对接横焊试件所有检查项目、检查数量和试样数量以及各项检验要求与课题 5-3 二氧化碳气体保护焊 V 形坡口对接平焊试件质量要求相同。

图 5-40　对接横焊盖面焊焊缝

课题 5-5　二氧化碳气体保护焊 V 形坡口对接立焊

学习目标及技能要求

· 掌握 CO₂ 焊 V 形坡口对接立焊的操作方法。

1. 焊前准备

（1）试件材料：Q235。

（2）试件尺寸：300 mm×200 mm×12 mm，V 形坡口，坡口尺寸如图 5-41 所示。

（3）焊接要求：单面焊双面成形。

（4）焊接材料：焊丝 ER49-1（H08Mn2SiA），直径 ϕ1.2 mm。

（5）焊机：NBC1-300 型，直流反接。

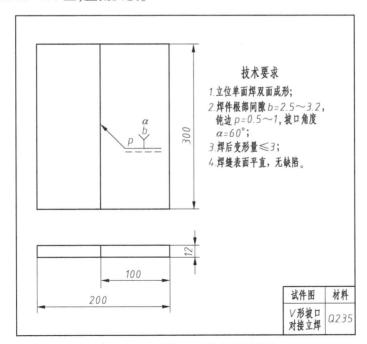

技术要求

1. 立位单面焊双面成形；
2. 焊件根部间隙 b=2.5～3.2，钝边 p=0.5～1，坡口角度 α=60°；
3. 焊后变形量≤3；
4. 焊缝表面平直，无缺陷。

试件图	材料
V 形坡口对接立焊	Q235

图 5-41　V 形坡口对接立焊试件图

2. 试件装配

（1）钝边。修磨钝边 0.5~1 mm，去除毛刺。

（2）焊前清理。清理坡口及坡口正反面两侧各 20 mm 范围内的油污、锈蚀、水分及其他污物，直至露出金属光泽。为便于清除飞溅物和防止堵塞喷嘴，可在焊件表面涂上一层飞溅防粘剂，在喷嘴上涂一层喷嘴防堵剂。

（3）装配间隙。始焊端 2.5 mm，终焊端 3.2 mm；错边量≤0.5 mm。

（4）定位焊。在试件坡口内定位焊，焊缝长度为 10~15 mm。

（5）反变形量。预置反变形量为 3°~4°。

（6）装夹。按立焊位固定在焊接架上，距离地面 200~300 mm 高度。

3. 确定焊接工艺参数

V 形坡口对接立焊焊接工艺参数选择见表 5-6。

表 5-6　V 形坡口对接立焊焊接工艺参数

焊接层次	焊丝直径（mm）	焊接电流（A）	电弧电压（V）	运丝方式	气体流量（L/min）
打底焊		100~110	18~20	锯齿形运丝法	
填充焊	1.2	130~150	20~22	锯齿形或反月牙形运丝法	15~20
盖面焊		130~140	22~24	锯齿形或月牙形运丝法	

4. 焊接过程

V 形坡口对接立焊焊接过程。

1）打底焊

V 形坡口立焊打底层，采用小规范、短弧焊接，向上立焊法，焊枪角度如图 5-42 所示。采用小幅摆动或月牙形摆动运丝法，自下而上匀速移动，控制电弧在熔敷金属的前方，不使熔敷金属下坠，保证背面有良好的成形。

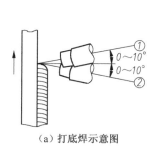

（a）打底焊示意图　　（b）打底焊实物图

图 5-42　打底焊时焊枪角度

打底焊背面焊缝,如图5-43所示。

2)填充焊

操作时,焊枪角度如图5-44所示,焊丝与焊接方向保持在90°±10°。

焊丝采用横向摆动运丝法,焊枪作小幅度摆动,在均匀摆动的情况下,快速向上移动,如图5-45(a)所示。如果要求有较大的熔宽时,采用月牙形摆动。摆动时,中间快速移动,焊道两侧稍作停顿,以防咬边,如图5-45(b)所示。但不应采用图5-45(c)所示的向下弯曲的月牙形摆动,向下弯曲摆动容易引起熔敷金属下淌和产生咬边。

填充层最后一层焊接时,使焊道低于母材表面1~1.5 mm,不允许熔化坡口的棱边。

3)盖面焊

施焊盖面层焊缝时,应适当调整焊接电流和焊接速度,采用锯齿形或向上弯曲月牙形运丝法,焊枪角度如图5-46所示。运丝时中间快,两侧稍停留片刻,并保持熔化坡口边缘0.5~2.5 mm,避免产生咬边和焊缝余高过大的现象。

盖面焊焊缝,如图5-47所示。

图5-43　打底焊背面焊缝　　图5-44　填充焊时焊枪角度

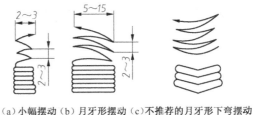

(a)小幅摆动　(b)月牙形摆动　(c)不推荐的月牙形下弯摆动

图5-45　焊枪横向摆动运丝法

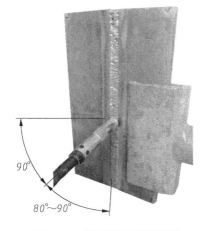

图5-46　盖面焊时焊枪角度

图5-47　盖面焊焊缝

5. 焊接质量要求

V 形坡口对接立焊试件的检查项目、检查数量和试样数量以及检验要求,除焊缝余高为 0~4 mm、余高差≤3 mm 之外,其他的各项与课题 5-3 二氧化碳气体保护焊 V 形坡口对接平焊试件质量要求相同。

课题 5-6 二氧化碳气体保护焊 V 形坡口对接仰焊

学习目标及技能要求

· 掌握 CO₂ 焊 V 形坡口对接仰焊的操作方法。

1. 焊前准备

(1)试件材料:Q235。

(2)试件尺寸:300 mm×200 mm×12 mm;坡口形式及尺寸如图 5-48 所示。

(3)焊接要求:单面焊双面成形。

(4)焊接材料:焊丝 ER49-1(H08Mn2SiA),直径 ϕ1.0 mm。

(5)焊机:NBC1-300 型,直流反接。

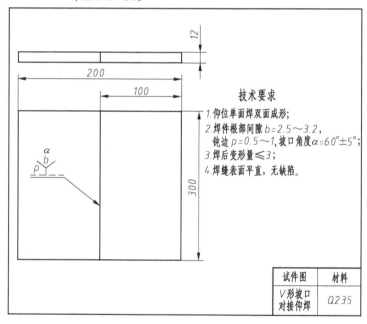

图 5-48 V 形坡口对接仰焊试件图

2. 试件装配

(1)修磨钝边 0.5~1 mm。

(2)清理坡口及坡口正反面两侧各 20 mm 范围内的油污、锈蚀、水分及其他污物,直至露出金属光泽。为便于清理飞溅物和防止堵塞喷嘴,可在焊件表面涂上一层飞溅防粘剂,或在喷嘴上涂一层喷嘴防堵剂。

（3）装配间隙：始焊端为 2.5 mm，终焊端为 3.2 mm；错边量≤0.5 mm。

（4）在试件两端坡口进行定位焊，定位焊缝长度为 10~15 mm。

（5）预置反变形量为 3°。

3. 焊接工艺参数

V 形坡口对接仰焊焊接工艺参数选择见表 5-7。

表 5-7 V 形坡口对接仰焊焊接工艺参数

焊接层次	焊丝直径(mm)	焊接电流(A)	电弧电压(V)	运丝方式	气体流(L/min)
打底焊		95~100			
填充焊	1.0	110~130	22~24	锯齿形或斜圆圈形运丝法	20~25
盖面焊		100~120			

4. 焊接操作过程

CO_2 半自动 V 形坡口对接仰焊是板对接最难的焊接位置，主要困难是熔化金属严重下坠，故必须严格控制焊接热输入和冷却速度，采用较小的焊接电流、较大的焊接速度，加大气体流量，使熔池尽可能小，凝固尽可能快，防止熔化金属下坠，保证焊缝的成形美观。

V 形坡口对接仰焊焊接过程。

1）打底焊

焊枪角度与试件表面垂直成 90°，与焊接方向成 70°~90°，如图 5-49 所示。

焊接时尽量压低电弧，采用直线移动或小幅度摆动，从始焊端（远处）开始在坡口一侧引弧再移至另一侧保证焊透和形成坡口根部熔孔，熔孔每侧比根部间隙大 0.5~1 mm。然后匀速向近处移动，尽可能快。利用 CO_2 气体有承托熔池金属的作用，控制电弧在熔敷金属的前方，防止熔化金属下坠。

打底焊对接仰焊背面焊缝，如图 5-50 所示。

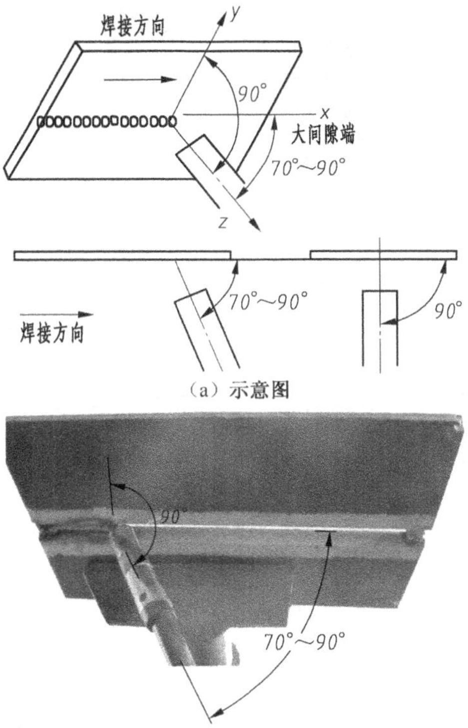

2）填充层焊接

填充层焊接，焊枪角度如图 5-51 所示。但焊丝摆动幅度要比打底焊大，保证坡口两侧熔合良好。焊道不要太厚，越薄凝固越快，填充层总厚度应低于母材表面 1 mm，不得熔化坡口棱边。

3）盖面层焊接

盖面层焊接时，焊枪角度如图 5-52 所示。焊丝摆动幅度加大，焊接速度放慢，使熔池两侧超过坡口棱边 0.5~1.5 mm，使其熔合良好，焊缝表面成形美观。

（a）示意图

（b）实物图

图 5-49 对接仰焊时焊枪角度

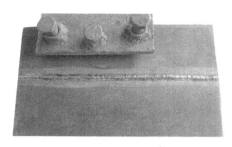

图 5-50 对接仰焊焊缝

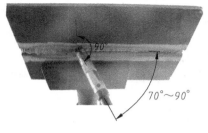

图 5-51 填充焊焊枪角度

盖面焊焊缝,如图 5-53 所示。

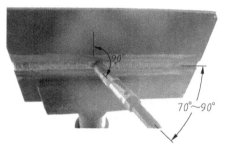

图 5-52 盖面焊焊枪角度

图 5-53 盖面焊焊缝

5. 焊接质量要求

V 形坡口对接仰焊试件的检查项目、检查数量和试样数量以及各项检验要求与课题 5-3 二氧化碳气体保护焊坡口对接平焊试件质量要求相同。但是其背面凹坑深度不作具体规定,凹坑长度不得超过焊缝长度的 10%。

第六章　手工钨极氩弧焊

学习目标及技能要求

· 能够正确选择手工钨极氩弧焊焊接工艺参数。
· 能够进行板材对接手工钨极氩弧焊单面焊双面成形操作。
· 能够熟练掌握管材对接手工钨极氩弧焊打底焊、填充焊和盖面焊操作。
· 能够进行管材对接手工钨极氩弧焊打底焊、焊条电弧焊填充、盖面焊操作。

钨极氩弧焊简称"TIG"焊(见图6-1),它是利用钨极与工件间产生的电弧热熔化母材和焊丝,利用从焊枪喷嘴连续喷出的氩气在电弧周围形成气体保护层隔绝空气,以防止对钨极、熔池和热影响区的有害影响。

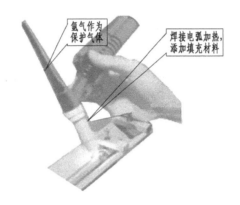

（a）钨极氩弧焊焊接操作过程

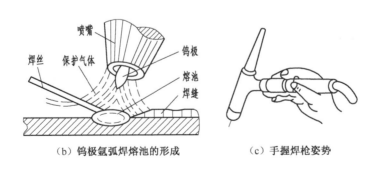

（b）钨极氩弧焊熔池的形成　　　　（c）手握焊枪姿势

图6-1　手工钨极氩弧焊

手工钨极氩弧焊设备主要由焊接电源、控制箱、焊枪、供气及冷却补充等部分组成,外部接线如图6-2所示。

手工钨极氩弧焊设备的焊接控制程序如图6-3所示。手工钨极氩弧焊的主要工艺参数有:钨极直径、焊接电流、电弧电压、焊接速度、电源种类和极性、氩气流量、喷嘴直径、喷嘴与焊件间的距离、钨极伸出长度等。

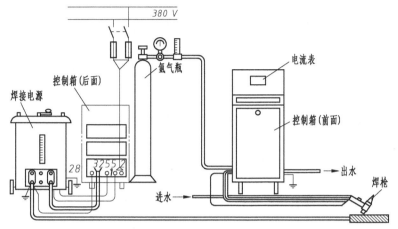

图 6-2　手工钨极氩弧焊外部接线

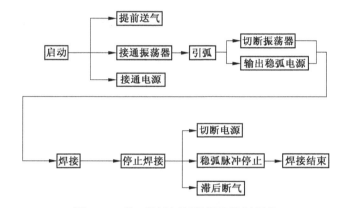

图 6-3　手工钨极氩弧焊焊接控制程序

课题 6-1　薄板对接平位手工钨极氩弧焊

学习目标及技能要求

· 掌握薄板对接平位手工钨极氩弧焊的操作方法。

1. 焊前准备

（1）试件材料:Q235。

（2）试件尺寸:300 mm×200 mm×6 mm,坡口形式及技术要求如图 6-4 所示。

（3）焊接要求:单面焊双面成形。

（4）焊接材料:焊丝选用 ER49—1(H08Mn2SiA),焊丝应符合 GB/T 8110—2008《气体保护电弧焊用碳钢、低合金钢焊丝》标准规定;电极选用铈钨极(WCe—20/φ2.5),为使电弧稳定,将其尖角磨成图 6-5 所示的形状;保护气体用氩气,纯度应≥99.99%。

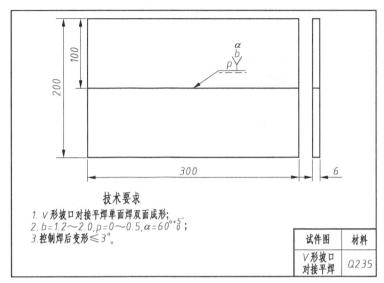

α
b
p
100
200
300
6
技术要求
1. V形坡口对接平焊单面焊双面成形;
2. b=1.2～2.0,p=0～0.5,α=60°+5° 0;
3.控制焊后变形≤3°。
试件图
材料
V形坡口对接平焊
Q235

图 6-4 板材对接平焊焊件图

(5) 焊机:WS—400 型,采用直流正接。使用前应检查焊机各处的接线是否正确、牢固,按要求调试好焊接工艺参数。同时应检查氩弧焊水冷却系统或气冷却系统有无堵塞、泄漏,如发现故障应及时解决。

ϕ2.5
8
ϕ0.5

图 6-5 铈钨极端部形状

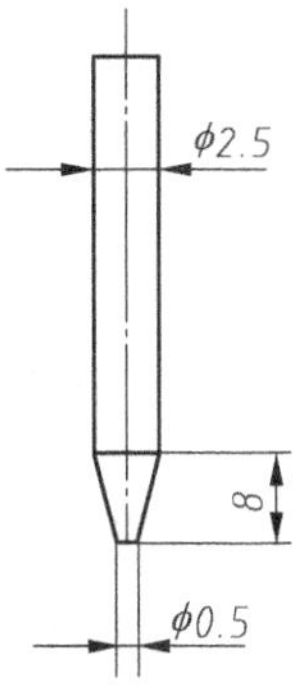

2. 试件装配

(1)焊前清理。清理坡口及其正反面两侧 20 mm 范围内和焊丝表面的油污、锈蚀、水分,直至露出金属光泽,然后用丙酮进行清洗。

(2)装配间隙。装配间隙为 1.2~2.0 mm,错边量≤0.5 mm。

(3)定位焊。采用手工钨极氩弧焊,按表 6-1 中打底焊焊接工艺参数在试件两端正面坡口内进行定位焊,焊缝长度为 10~15 mm,将焊缝接头预先打磨成斜坡。

(4)预留反变形。装配时要预留反变形量,将组对好的焊件轻轻磕打,使两板向焊后角变形的相反方向折弯成 3°的反变形量。

(5)装夹。焊接姿势取蹲姿,装夹高度为 200~300 mm。

3. 确定焊接工艺参数

薄板 V 形坡口平焊位置手工钨极氩弧焊焊接工艺参数选择见表 6-1。

表 6-1 薄板 V 形坡口平焊位置手工钨极氩弧焊焊接工艺参数

焊接层次	焊接电流(A)	氩气流量/(L/min)	钨极直径/mm	焊丝直径/mm	钨极伸出长度/mm	喷嘴直径/mm	喷嘴至焊件距离/mm
打底焊	90~100	8~10	2.5	2.5	4~6	8~10	≤12
填充焊	100~120						
盖面焊	100~110						

4. 焊接过程

板材对接平焊焊接过程。

1）打底焊

手工钨极氩弧焊通常采用左向焊法，故将试件装配间隙大的一端放在左侧，间隙小的一端放在右侧，如图 6-6 所示。

（1）引弧。在试件右端定位焊缝上引弧。引弧时采用较长的电弧（弧长大约为 4~7 mm），在坡口处预热 4~5 s。当定位焊缝左端形成熔池并出现熔孔后开始送丝。

（2）焊接。焊接打底层时，采用较小的焊枪倾角和较小的焊接电流。焊丝、焊枪与焊件的角度，如图 6-7 所示。焊丝送

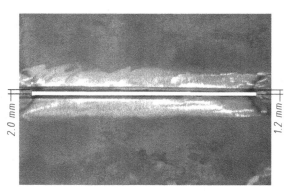

图 6-6　装夹位置图

入要均匀，焊枪移动要平稳、速度一致。焊接时，要密切注意焊接熔池的变化，随时调节有关工艺参数，保证背面焊缝成形良好。当熔池增大、焊缝变宽且不出现下凹时，说明熔池温度过高，应减小焊枪与焊件夹角，加快焊接速度；当熔池减小时，说明熔池温度过低，应增加焊枪与焊件夹角，减慢焊接速度。

（3）接头。当更换焊丝或暂停焊接时需要接头。这时松开焊枪上按钮开关（使用接触引弧焊枪时，立即将电弧移至坡口边缘上快速灭弧），停止送丝，借焊机电流衰减熄弧，但焊枪仍需对准熔池进行保护，待其完全冷却后方能移开焊枪。若焊机无电流衰减功能，应在松开按钮开关后稍抬高焊枪，等电弧熄灭、熔池完全冷却后移开焊枪。进行接头前，应先检查接头熄弧处弧坑质量。如果无氧化物等缺陷，则可直接进行接头焊接。如果有缺陷，则必须把缺陷修磨掉，并将其前端打磨成斜面，然后在弧坑右侧 15~20 mm 处引弧，缓慢向左移动，待弧坑处开始熔化形成熔池和熔孔后，继续填丝焊接。

（4）收弧。当焊至试件末端时，应减小焊枪与试件夹角，使热量集中在焊丝上，加大焊丝熔化量以填满弧坑。切断控制开关后，焊接电流将逐渐减小，熔池也随之减小，将焊丝抽离电弧（但不离开氩气保护区）。停弧后，氩气延时约 10 s 关闭，从而防止熔池金属在高温下氧化。

打底焊背面焊缝见图 6-8。

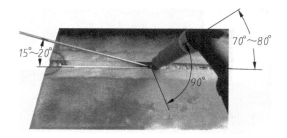

图 6-7　打底焊焊枪、焊丝与焊件的角度

图 6-8　打底焊焊缝背面外形图

2）填充焊

按表 6-1 中填充层焊接工艺参数调节好设备，进行填充层焊接，其操作与打底层相同（见图 6-9）。焊接时焊枪可做锯齿形横向摆动，其幅度应稍大，并在坡口两侧停留，保证坡口两侧熔合好，焊道均匀。从试件右端开始焊接，注意熔池两侧熔合情况，保证焊缝表面平整且稍下凹。填充层的焊道焊完后应比焊件表面低 1.0~1.5 mm（见图 6-10），以免坡口边缘熔化导致盖面层产生咬边或焊偏现象，焊完后将焊道表面清理干净。

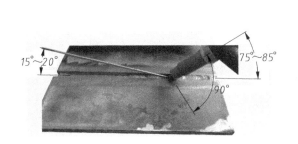

图 6-9 填充焊焊接操作

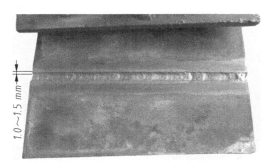

图 6-10 填充焊焊缝图

3）盖面焊

按表 6-1 中盖面层焊接工艺参数调节好设备进行盖面层焊接，其操作与填充层基本相同（见图 6-11），但要加大焊枪的摆动幅度，保证熔池两侧超过坡口边缘 0.5~1 mm，并按焊缝余高决定填丝速度与焊接速度，尽可能保持焊缝速度均匀，熄弧时必须填满弧坑，盖面焊焊缝见图 6-12。

图 6-11 盖面焊焊接操作

图 6-12 盖面焊焊缝图

5. 焊接质量要求

焊接结束后，关闭焊机，用钢丝刷清理焊缝表面。肉眼观察或用低倍放大镜检查焊缝表面是否有气孔、裂纹、咬边等缺陷。用焊缝量尺测量焊缝外观成形尺寸。

课题 6-2　管材对接垂直固定焊

学习目标及技能要求

· 掌握手工钨极氩弧焊管材对接垂直固定焊的操作方法。

1. 焊前准备

（1）试件材料：20 钢管。

（2）试件尺寸：直径 $\phi57$ mm×5 mm，$L=200$ mm，坡口尺寸如图 6-13 所示。

（3）焊接要求：单面焊双面成形。

（4）焊接材料：焊丝牌号为 ER49-1（H08Mn2SiA），直径 $\phi2.5$ mm。电极为铈钨极，直径 $\phi2.5$ mm。

（5）焊机：WS-400 型。

2. 试件装配

（1）焊前清理。清理坡口及其正反面两侧 20 mm 范围内和焊丝表面的油污、锈蚀、水分，直至露出金属光泽，然后用丙酮进行清洗（钢管内表面的清理使用内磨机打磨）。

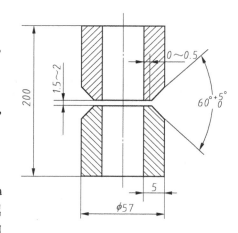

图 6-13　试件及坡口尺寸

（2）钝边。修磨钝边 0~0.5 mm。

（3）装配间隙 1.5~2.0 mm，错边量≤0.5 mm。

（4）定位焊。一点定位，焊缝长 10 mm 左右，并保证该处间隙为 2 mm，与它相隔 180°处间隙为 1.5 mm，使管子轴线垂直并加固定点，间隙小的一侧位于右边。定位焊点两端应先打磨成斜坡，以利于接头。

3. 确定焊接工艺参数

小管对接垂直固定焊焊接工艺参数选择见表 6-2。

表 6-2　小管对接垂直固定焊焊接工艺参数

焊接层次	焊接电流（A）	氩气流量/（L/min）	钨极直径/mm	焊丝直径/mm	钨极伸出长度/mm	喷嘴直径/mm	喷嘴至焊件距离/mm
打底焊	90~95	8~10	2.5	2.5	4~6	8	≤8
盖面焊	95~100	6~8					

4. 焊接过程

管对接垂直固定焊的焊接过程。

1）打底焊

打底焊焊枪和焊丝角度如图 6-14 所示，在右侧间隙最小处（1.5 mm）引弧，先不加焊丝，待坡口根部熔化形成熔池后，将焊丝轻轻地向熔池里送一下，并向管坡口内摆动，将熔液送到坡口根部,以保证背面焊缝的高度。填充焊丝的同时,焊枪小幅度做横向摆动并向左均匀移动。在焊接过程中,填充焊丝以往复运动方式间断地送入电弧内的熔池前方,在熔池前呈滴状加入。焊丝送进要有规律,不能时快时慢,以保证焊缝成形美观。当操作者移动位置暂停焊接时,应按收弧要点操作(见薄板对接焊收弧部分)。继续焊接时,焊前应将收弧处修磨成斜坡并清理干净,在斜坡上引弧移至离接头 8~10 mm 处,焊枪不动,当获得明亮清晰的熔池后,即可添加焊丝,继续从右向左进行焊接。

小管垂直固定打底焊时,熔池的热量要集中在坡口的下部,以防止上部坡口过热,母材熔化过多,产生咬边或焊缝背面的余高下坠。

打底焊表面要保证内凹,这样有利于盖面焊,如图 6-15 所示

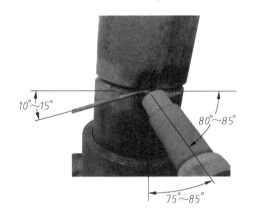

图 6-14　打底焊焊接操作

图 6-15　打底焊焊缝图

2)盖面焊

盖面焊焊枪和焊丝角度如图 6-16 所示。焊接盖面焊道时,电弧对准打底焊道下沿,使熔池下沿超出管子坡口的棱边 0.5~1.5 mm,熔池上沿超出管子坡口的棱边 0.5~1.5 mm。盖面焊焊接速度可适当加快,送丝频率也加快,适当减少送丝量,防止焊缝下坠。

盖面焊焊缝,如图 6-17 所示

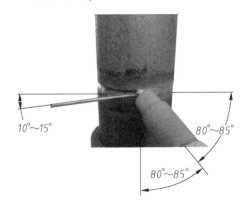

图 6-16　盖面焊焊接操作

图 6-17　盖面焊焊缝

5. 焊接质量要求

管对接垂直固定手工钨极氩弧焊试件的检查项目、检查数量和试样数量以及各项试验要求与课题 3-6 水平固定管焊试件质量要求相同,焊缝检查用表参照表 3-17。

课题 6-3　管材对接水平固定焊

学习目标及技能要求

· 掌握手工钨极氩弧焊管对接水平固定焊的操作方法。

1. 焊前准备

(1)试件材料:20 钢管。

(2)试件尺寸:$\phi42$ mm×5 mm,$L=200$ mm,$60°±5°$V 形坡口,如图 6-18 所示。

(3)焊接要求:单面焊双面成形。

(4)焊接材料:焊丝牌号为 ER49-1(H08Mn2SiA),直径 $\phi2.5$ mm。电极为铈钨极,直径 $\phi2.5$ mm。

(5)焊机:WS-400 型。

2. 试件装配及定位

(1)钝边 0.5~1 mm,去除毛刺。

(2)焊前清理。清理管件坡口及其两侧内、外表面各 20 mm 范围内的油污、锈蚀、水分及其他污物,直至露出金属光泽,然后用干净棉纱蘸丙酮擦拭管件清理待焊部位。

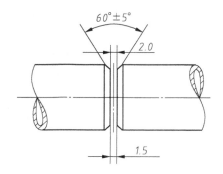

图 6-18　小管对接水平固定试件及坡口尺寸

(3)装配间隙。上部(12 点位置)2.0 mm,下部(6 点位置)1.5 mm 放大上部间隙作为焊接时焊缝的收缩量。错边量≤0.5 mm。

(4)定位焊。一点定位,焊缝长度约 10 mm,要求焊透,不得有气孔、夹渣、未焊透等缺陷,定位焊缝两端修磨成斜坡,以利于接头。

3. 确定焊接工艺参数

管对接水平固定焊焊接工艺参数选择见表 6-3。

表 6-3　管对接水平固定焊焊接工艺参数

焊接层次	焊接电流 (A)	氩气流量 /(L/min)	钨极直径 /mm	焊丝直径 /mm	钨极伸出长度 /mm	喷嘴直径 /mm	喷嘴至焊件距离/mm
打底焊	90~100	8~10	2.5	2.5	4~6	8	≤8
盖面焊	95~110	6~8					

4. 焊接过程

采用两层两道焊,焊接按两个半圈进行,在时钟 6 点处起焊,在 12 点处收尾。

管对接水平固定焊焊接过程如下。

1）打底焊

（1）引弧。在图 6-19 所示 A 点位置引弧起焊,引弧时将钨极对准坡口根部并使其逐渐接近母材引燃电弧。

引燃电弧后控制弧长为 2~3 mm,对坡口根部两侧加热,待钝边熔化形成熔池后,即可填丝。始焊时焊接速度应慢些,并多填焊丝加厚焊缝,以达到背面成形和防止裂纹的目的。

（2）焊枪角度。打底焊时,焊枪与管子、焊丝的夹角如图 6-20 所示。

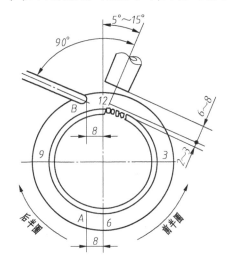

图 6-19　焊接位置

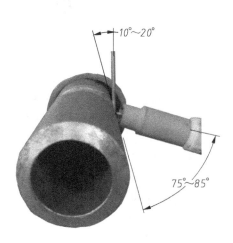

图 6-20　打底焊焊枪和焊丝的角度

（3）送丝手法。焊丝端部应始终处于氩气保护范围内,以避免焊丝氧化,且不能直接插入熔池,应位于熔池的前方,边熔化边送丝。送丝动作干净利落,使焊丝端部呈球形。

（4）焊接过程中,电弧应交替加热坡口根部和焊丝端部,控制坡口两侧熔透均匀,以保证背面焊缝的成形。

（5）收弧。在图 6-19 所示 B 点位置灭弧,灭弧前应送进几滴填充金属,以防止出现冷缩孔,并将电弧移至坡口一侧,然后收弧。

（6）后半圈从仰焊位置收弧,焊至平焊位置结束,操作时的注意事项及要点同前半圈。

（7）打底焊接时,每半圈一气呵成,中途尽量不停顿。若中断时,应将原焊缝末端重新熔化,使起焊焊缝与原焊缝重叠 5~10 mm,打底层焊道厚度一般为 3 mm,太薄易导致在盖面时将焊道烧穿,或使焊缝背面内凹或剧烈氧化。

打底焊焊缝表面要保证是内凹的,这样有利于盖面焊,如图 6-21 所示。

2）盖面焊

清除打底焊道氧化物,修整局部凸起后,盖面层焊接也分前、后半圈进行,操作方法如下:

（1）焊枪应在时钟 6 点左右的位置起焊（见图6-19）,焊枪可做月牙形或锯齿形摆动,摆动幅度应稍大,待坡口边缘及打底焊道表面熔化,形成熔池后可加入填充焊丝,在仰焊部位每次填充的溶液应少些,以免熔敷金属下坠。

（2）焊枪角度。盖面焊时,焊枪与管子、焊丝的夹角如图 6-22 所示。

图 6-21　打底焊焊缝图

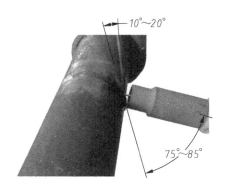

图 6-22　盖面焊焊枪和焊丝的角度

（3）焊枪摆动到坡口边缘时，应稍作停顿，以保证熔合良好，防止咬边。在立焊部位，焊枪的摆动频率应适当加快，以防止溶液下滴。在焊至平焊位置时，应稍多加填充金属，以使焊缝饱满，同时应尽量使熄弧位置前移，以利于后半圈收弧时接头。

（4）后半圈的焊接方法与前半圈相同，当盖面焊缝封闭时应尽量向前施焊，并减少焊丝填充量，衰减电流熄弧。

盖面焊焊缝，如图 6-23 所示。

5. 焊接质量要求

管对接水平固定手工钨极氩弧焊试件的检查项目、检

图 6-23　盖面焊焊缝图

查数量和试样数量以及各项试验要求与课题 3-6 水平固定管焊试件质量要求相同。

课题 6-4　管材对接 45°固定组合焊

学习目标及技能要求

· 掌握管材对接 45°固定组合焊（TIG 焊打底，焊条电弧焊盖面）的操作方法。

1. 焊前准备

（1）试件材料：20 钢管。

（2）试件尺寸：ϕ60 mm×5 mm，L=200 mm，（60°±5°）V 形坡口，如图 6-24 所示。

（3）坡口位置及要求：45°倾斜固定组合焊，TIG 焊打底，焊条电弧焊盖面，单面焊双面成形。

（4）焊接材料：焊丝牌号为 ER49-1（H08Mn2SiA），直径 ϕ2.5mm。电极为铈钨极，直径 ϕ2.5 mm。焊条型号为 E5015，直径 ϕ3.2 mm，焊条烘干温度 350~400 ℃，恒温 1~2 h，随用随取。

（5）焊机：WS-400 型焊机。

2. 试件装配

（1）钝边 0.5~1 mm。

（2）清理坡口及其两侧内外表面 20 mm 范围内的油、锈及其他污染物，直至露出金属光泽，并再用丙酮清洗该区。

（3）装配间隙为 1.5~2 mm，最小间隙位于坡口的最低点，即起焊 6 点钟位置。

（4）定位焊采用 TIG 焊在时钟 2 点和 10 点位置，两点定位，所用焊接材料应与焊接试件时相同，焊点长度 10~15 mm，要求焊透不得有焊接缺陷。

（5）试件错边量≤0.5 mm。

3. 确定焊接参数

管对接 45°固定焊焊接工艺参数选择见表6-4。

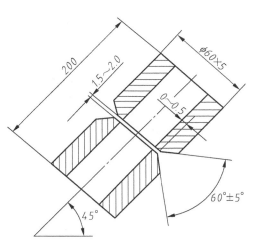

图 6-24 45°固定试件及坡口尺寸

表 6-4　管对接 45°固定焊焊接工艺参数

焊接方法及层次	焊丝(焊条)直径（mm）	焊接电流（A）	氩气流量（L/min）	钨极直径（mm）	喷嘴直径（mm）	喷嘴至工件距离（mm）
TIG 焊打底	2.5	90~100	7~10	2.5	8	≤8
焊条电弧焊盖面	3.2	95~110	—	—	—	—

4. 焊接过程

管对接 45°固定焊焊接过程如下。

1）打底焊

TIG 焊打底在时钟 6 点过 5 mm 位置引弧（焊枪和焊丝的角度如图 6-25 所示），焊枪应在始焊部位坡口内上下轻微摆动，待根部熔化形成熔孔后，即可添加焊丝，为防止仰焊部位背面内凹，焊丝应压向坡口根部，并逐渐向上焊接，应使焊接熔池始终保持水平位置，施焊过程中，注意焊枪的摆动幅度，使熔孔应保持深入坡口每侧 0.5~1 mm，为防止在爬坡及平焊位置焊缝背面下塌，应逐渐抬高焊丝端部距坡口根部的距离，在 12 点位置收弧，焊工转至另一侧，以同样方法完成后半圈打底焊缝，在 12 点过 5 mm 位置填满弧坑收弧。

打底焊焊缝表面不能凸出，最好是凹面，如图 6-26 所示，以利于盖面焊操作。

2）盖面焊

焊条电弧焊盖面及接头方法有用两种：具体操作，见课题 3-7。

盖面焊焊条角度和盖面焊焊缝如图 6-27 和图6-28所示。

5. 焊接质量要求

管对接 45°固定手工钨极氩弧焊试件的检查项目、检查数量和试样数量以及各项试验要求与课题 3-6 水平固定管焊试件质量要求相同。

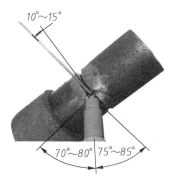

图 6-25　打底焊焊接操作

图 6-26　打底焊焊缝图

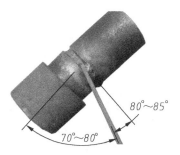

图 6-27　盖面焊焊接操作

图 6-28　焊条电弧焊盖面焊缝

第七章　等离子弧焊接与切割

学习目标及技能要求

· 能够进行不锈钢的空气等离子弧焊接。

· 能够进行碳钢的空气等离子弧切割。

等离子弧焊接是利用特殊构造的等离子弧焊枪所产生的高达几万度的高温等离子弧,有效地熔化焊件而实现焊接的过程,如图 7-1 所示。等离子弧切割是利用高温、高速和高能的等离子气流来加热和熔化被切割材料,并借助被压缩高速气流的机械冲刷力,将熔化的材料排开,直至等离子气流穿透背面而形成狭窄割口的过程,如图 7-2 所示。

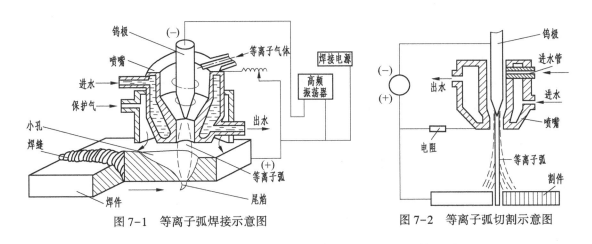

图 7-1　等离子弧焊接示意图　　　　　图 7-2　等离子弧切割示意图

课题 7-1　薄板不锈钢等离子弧焊接

学习目标及技能要求

· 熟悉等离子弧焊机的操作和各开关按钮的使用。

· 掌握等离子弧焊的引弧、收弧和焊接操作。

1. 焊前准备

(1)试件材料:0Cr18Ni9Ti。

(2)试件尺寸:200 mm×100 mm×1 mm,I 形坡口。

(3)焊接要求:单面焊双面成形。

(4)焊接材料:焊丝牌号 H0Cr19Ni9,直径 φ1.0 mm。离子气采用纯氩气(99.99%)。

(5)焊接设备:LH—30 型等离子弧焊机及其他辅助设备。其外部线路连接如图 7-3 所示。

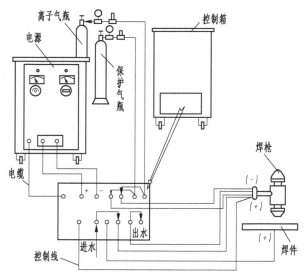

图 7-3　等离子弧焊机外部线路连接示意图

2. 试件装配

（1）修磨钝边。

（2）清理坡口及其正反两侧各 20 mm 范围内的油污、锈蚀、水分及其他污物，直至露出金属光泽，并用丙酮清洗干净。

（3）置于铜垫板上装配，装配时采用 I 形坡口，不留间隙对接，并控制根部间隙不超过板厚的 1/10，不出现错边。

（4）采用专用夹具夹紧，如图 7-4 所示。

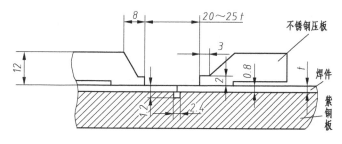

图 7-4　定位焊专用夹具

3. 确定焊接工艺参数

薄板不锈钢等离子弧焊焊接工艺参数参照表 7-1。

表 7-1　薄板不锈钢等离子弧焊焊接工艺参数

焊接层次	焊接电流（A）	焊接电压（V）	焊接速度（cm/min）	离子气体 Ar 流量（L/min）	保护气体 Ar 流量（L/min）	喷嘴孔径（mm）
单层焊	2.6~2.8	24	27.0	0.5	10	1.2

4. 焊接过程

薄板不锈钢等离子弧焊焊接过程如下。

1）操作准备

（1）首先检查焊机外部接线是否正确，气路、水路和电路系统的接头处连接是否牢固可靠。

（2）将钨极端部磨成 20°~60°，顶端为尖状或稍加磨平。调整钨极与喷嘴的同轴度，接通高频振荡回路，高频火花在钨极和喷嘴之间，呈圆周均匀分布在 75%~80% 以上，则同轴度最佳，如图 7-5 所示。

图 7-5　电极同轴度及高频火花

（3）清理不锈钢焊件上的油污及其他杂质。

2）焊接

等离子弧焊接过程中焊接方法，焊枪、焊丝与焊件之间的相对位置及操作方法均与钨极氩弧焊相似，如图 7-6 所示。

（1）采用左向焊法。

起焊时，等离子弧在起焊处稍停片刻，用焊丝迅速触及焊接部位，到该部位开始熔化时，立即添加焊丝，焊丝的添加和焊枪的运行动作要配合协调。焊枪移动时要平稳，速度均匀，喷嘴与焊件距离保持在 4~5 mm 之间。焊枪、焊丝和焊件的角度如图 7-6（a）所示。

（2）适时、有规律地添加焊丝。如此重复，直至焊完。

（3）中途停顿或焊丝用完再继续焊接时，要用等离子弧把起焊处的熔敷金属重新熔化，形成新的熔池后再添加焊丝，并与原焊道重叠 5 mm 左右。在重叠处要少添加焊丝，避免接头过高。

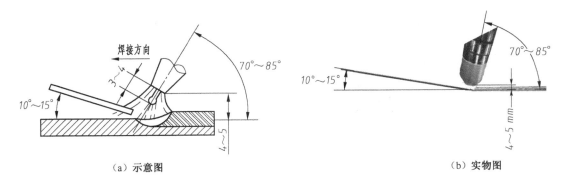

图 7-6　焊枪、焊丝与焊件的相对位置

3）收弧

当焊至焊缝末端时,适当加入一定量的焊丝填满弧坑,避免产生弧坑缺陷。

断开按钮,随电流衰减熄灭电弧。焊缝如图 7-7 所示。

5. 焊接质量要求

（1）焊缝表面不得有裂纹、未熔合、夹渣、气孔和焊瘤。

（2）焊缝边缘直线度 ≤ 2 mm,焊缝宽度差≤2 mm。

图 7-7　焊缝图

（3）焊缝与母材圆滑过渡,焊缝余高 0~3 mm,余高差≤2 mm。

（4）焊缝边缘咬边深度≤0.5 mm。

（5）焊件表面非焊道上不应有引弧痕迹。

（6）还应保证焊透和背面成形,背面焊缝余高为 0~3 mm。

等离子弧焊接常见缺陷及产生原因:

1）咬边

（1）3 mm 以下板材,不添加焊丝时最容易出现咬边。

（2）在装配间隙较大、有明显错边或高位置一边常形成咬边。

（3）当焊枪向接口一侧倾斜时,也会形成一侧咬边。

（4）当离子气流及焊接电流过大时,也会造成咬边,严重时会出现烧穿。

2）气孔

（1）焊缝的根部和管子焊接的首尾焊缝的搭接处容易出现气孔。

（2）在焊接电流、电压一定的情况下,提高焊接速度就会产生气孔,并且随着焊接速度的提高气孔增多。当焊接速度达到一定值时,即小孔效应消失时,甚至会产生贯穿焊缝全长的长气孔。

（3）焊接过程中填充焊丝送给速度太快,电弧电压过高,也会产生气孔。

课题 7-2　碳钢空气等离子弧切割

学习目标及技能要求

· 熟悉等离子弧切割机操作步骤和切割程序。

· 掌握等离子弧切割的操作技能。

1. 切割前准备

（1）试件材料:Q235。

（2）试件尺寸:300 mm×100 mm×12 mm,在钢板上沿长度方向每隔 20 mm 划一切割线,作为等离子弧切割的运行轨迹。

（3）铈钨电极:直径 ϕ5.5 mm。

(4)切割设备:等离子弧切割设备主要包括电源、控制箱、水路系统、气路系统及割嘴、空气压缩机等,其外部接线如图7-8所示。

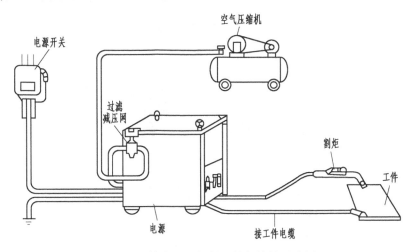

图7-8 等离子弧切割机外部接线示意图

2. 确定切割工艺参数

切割工艺参数见表7-2。

表7-2 切割工艺参数

板厚(mm)	喷嘴孔径(mm)	切割电流(A)	空气流(L/min)	切割速(mm/min)	空气压力(MPa)
8	1.0	25	8	200	0.35

3. 切割过程

空气等离子弧切割过程。

1)调试

(1)按切割机外部接线图(见图7-8)连接气路、水路和电路。

(2)把割件安放在多柱支架上,如图7-9所示,使割件与电路正极连接牢固。

(3)打开水路,检查是否有漏水现象。打开气路,调节非转移弧气流和转移弧气流的流量,如图7-10所示。

(4)接通控制线路,检查电极同轴度是否最佳(方法同前文等离子弧平敷焊中钨极与喷嘴同轴度的调整)。

(5)调节割炬位置和喷嘴到割件的距离,一般为5~7 mm,不可过长或过短。

(6)启动切割电源,查看空载电压是否正常,并初步选定工作电流(即旋钮所指示的刻度位置),如图7-11所示。

(7)戴好面罩准备切割。

2)切割

(1)将割炬移近割件起割边缘,保持割炬垂直于被切割件,见图7-12,并控制好喷嘴与割件表面间距离。

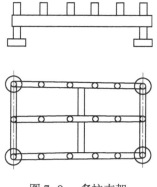

图 7-9　多柱支架　　　　图 7-10　调节气体流量　　　　图 7-11　焊接电流

（2）开启割炬开关，引燃等离子弧，起割应从割件边缘开始，将割件边缘切穿后，再移动割炬导入切割尺寸线，见图 7-13。待电弧穿透割件向切割方向匀速移动，切割速度为以切穿为前提，宜快不宜慢。切割速度过快会在割口前端产生翻弧现象，切割不透；切割速度过慢，切口宽而不齐，而且因割透的割口前沿金属远离电弧，相对电弧变长而造成电弧不稳，甚至熄弧，使切割中断。

（3）在整个切割过程中，割炬应与割缝两侧平面保持垂直，以保证割口平直光洁。为了提高切割生产率，割炬在割缝所在平面内沿切割方向的反方向应倾斜一个角度（0°~45°），如图 7-14 所示。

（4）切割完毕，关闭割炬开关，等离子弧熄灭。此时，压缩空气延时喷出，以冷却割炬。数秒钟后，自动停止喷出。移开割炬，完成切割全过程。

（5）切断电源电路，关闭水路和气路。

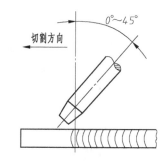

图 7-12　割炬位置　　　　图 7-13　沿切割线切割　　　　图 7-14　切割时割炬的后倾角

4. 注意事项

（1）切割过程中尽量使等离子焰流垂直于割件，以免增大等离子弧轨迹，相当于增大了割件的实际厚度。

（2）当按下按钮开始切割。一般可从割件边缘开始切割，当需要从割件中间切割时，应先用钻头在起始切割处钻 $\phi 5$ mm 孔后再引弧切割，否则会被割件翻浆，造成喷嘴烧损，如图 7-15 所示。

（a）起割　　　　　　（b）割孔时　　　　　　（c）割件翻浆

图 7-15

（3）切割速度过慢，会使割缝增宽、割口下部毛刺和卷边增多；切割速度过快不仅切不透，而且易使熔化金属倒吹，黏附喷嘴口扰乱焰流、烧损喷嘴。

（4）工作时空气压力一般调节在 0.25~0.4 MPa 左右，根据实际情况可在 ±0.05 MPa 之间变动以得到最佳匹配，但压力太低，将无力吹走熔化金属、电极喷嘴冷却不良易烧损；压力太高，又会使割缝偏斜，割口温度下降太多，影响割缝金属的熔化性和流动性，影响切割厚度。

5. 等离子弧切割常见故障及其排除方法

等离子弧切割常见故障及其排除方法见表 7-3。

表 7-3　等离子弧切割常见故障及其排除方法

故障特征	可能产生的原因	排除方法
产生双弧	电极对中不良	调整电极与喷嘴的同轴度
	割炬气室的压缩角太小或压缩孔通道过长	改进割炬结构尺寸
	喷嘴漏水	修好漏水处
	切割时等离子焰流上翻或熔渣飞溅至喷嘴	改变割炬角度或先在割件上钻好切割孔
	钨极内伸长度较大，气体流量太小	减小钨极内伸长度，增大气体流量
	喷嘴离割件太近	稍提高割炬
切口面不光洁	割件表面有污垢	切割前严格清理待割表面
	气体流量过小	适当加大气体流量
	割速及割炬与割件距离掌握不均	注意提高操作技能
切割不透	等离子弧功率不够	增大功率
	切割速度太快	降低切割速度
	气体流量太大	适当减小气体流量
	喷嘴与割件距离太大	把喷嘴压低

6. 等离子弧焊接与切割安全防护技术

1）防电击

等离子弧焊接和切割所用电源的空载电压较高，尤其在手工操作时，有被电击的危险。因此，电源在使用时必须可靠接地，焊炬或割炬体与手触摸部分必须可靠绝缘。可以采用较低电压引燃非转移弧后,再接通较高电压的转移弧回路。如果启动开关装在手把上,必须对外露开关套上绝缘橡胶套管,避免手直接接触开关。尽可能采用自动操作方法。

2)防电弧光辐射

电弧光辐射强度大,它主要由紫外线辐射、可见光辐射与红外线辐射组成。等离子弧较其他电弧的光辐射强度更大,尤其是紫外线强度大,因而对皮肤损伤严重。操作者在焊接或切割时必须戴上合格的面罩、手套,最好加上吸收紫外线的镜片。自动操作时,可在操作者与操作区之间设置防护屏。等离子弧切割时,可采用水中切割方法,利用水来吸收光辐射。

3)防灰尘与烟气

等离子弧焊接和切割过程中伴有大量气化的金属蒸汽、臭氧、氮化物等。尤其切割时,由于气体流量大,致使工作场地上的灰尘大量扬起,这些烟气与灰尘对操作者的呼吸道、肺等产生严重影响。因此切割时,在栅格工作台下方可以安装排风装置,也可以采取水中切割方法。

4)防噪声

等离子弧会产生高强度、高频率的噪声,尤其采用大功率等离子弧切割时,其噪声更大,这对操作者的听觉系统和神经系统非常有害,其噪声能量集中在 2 000~8 000 Hz 范围内。要求操作者戴耳塞,在可能的条件下,尽量采用自动化切割,使操作者在隔音良好的操作室内工作,也可以采取水中切割方法,利用水来吸收噪声。

5)防高频

等离子弧焊接和切割采用高频振荡器引弧,由于高频电场对人体有一定的危害,因此引弧频率选择在 20~60 kHz 较为合适。同时还要求工件接地可靠,转移弧引燃后,应立即可靠地切断高频振荡器电源。

第八章 电 阻 焊

学习目标及技能要求

· 能够正确选择电阻焊工艺参数。

· 能够进行薄板点焊、缝焊以及钢筋对焊操作。

一、电阻焊基础知识

电阻焊是焊件组合后通过电极施加压力,将被焊工件压紧于两电极之间,并通以电流,利用电流流经工件接触面及邻近区域产生的电阻热将其加热到熔化或塑性状态,使之形成金属结合的一种方法。

目前,最常用的电阻焊有点焊、缝焊和对焊三种。

点焊是一种高速、经济的连接方法。它适用于制造接头不要求气密,厚度小于 3 mm,冲压、轧制的薄板搭接构件,广泛用于汽车、摩托车、航空航天、家具等行业产品的焊接生产,如图 8-1 所示。

缝焊主要用于焊接要求气密或液密的薄壁容器,如油箱、水箱、暖气包、火焰筒等。由于它的焊点重叠,故分流很大,因此焊件不能太厚,一般不超过 2 mm,如图 8-2 所示。

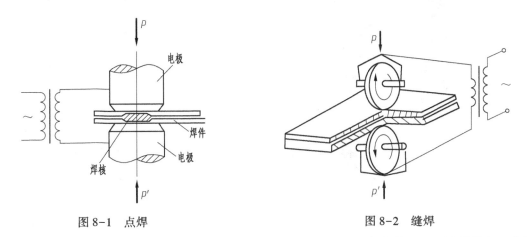

图 8-1　点焊　　　　　　　　　　　　　　　　图 8-2　缝焊

对焊广泛用于造船、汽车及一般机械工业中,如船用锚链、汽车曲轴、飞机操纵拉杆、建筑钢筋等零件的焊接。对焊焊件均为对接接头,如图 8-3 所示。

二、电阻焊设备

1. 点焊机

固定式点焊机的结构如图 8-4 所示。它是由机座、加压机构、焊接回路、电极、传动与减速机构和开关与调节装置组成。其中主要部分是加压机构、焊接回路和控制装置。

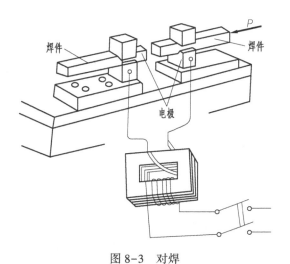

图 8-3　对焊

2. 缝焊机

缝焊机的结构如图 8-5 所示。缝焊机与点焊机的基本区别在于用旋转的焊轮代替了固定的电极。

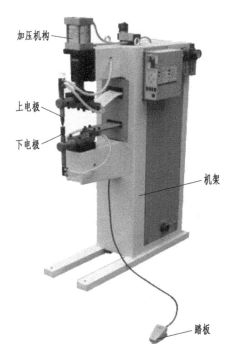

图 8-4　点焊机结构图

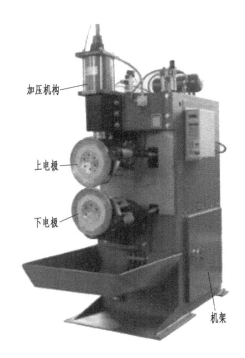

图 8-5　缝焊机结构图

3. 对焊机

对焊机的结构如图 8-6 所示。它是由机架、导轨、固定夹具、动夹具、送进机构和变压器等组成。

4. 电极

（1）点焊电极。点焊电极的工作表面可以加工成平面、弧形或球形，如图 8-7 所示。

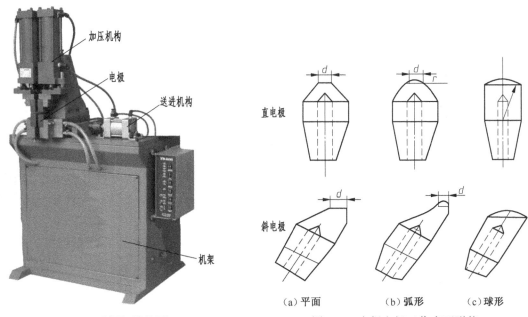

图 8-6 对焊机结构图

图 8-7 点焊电极工作表面形状

（2）缝焊电极。缝焊电极又称滚盘，它的工作面形状有平面和球面两种，如图 8-8 所示。滚盘直径通常在 φ300 mm 以内。因滚盘直径越小，磨损越快，故应尽可能选用较大直径的滚盘。

（3）对焊电极。生产中常用的对焊电极形状如图 8-9 所示，要根据不同的焊件尺寸来选择电极头。电极工作表面的氧化物、污物和不严重的磨损，可用带有橡皮垫的平板包上金刚砂布来清理。电极磨损与变形较大时，可采用锉刀修整，当电极产生更大的磨损和变形时，应更换新电极。

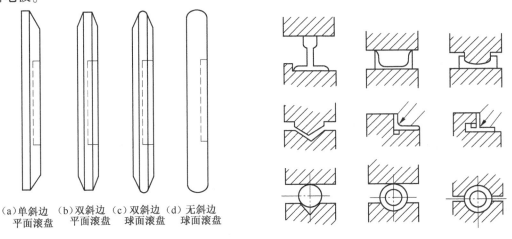

（a）单斜边　（b）双斜边　（c）双斜边　（d）无斜边
　平面滚盘　　平面滚盘　　球面滚盘　　球面滚盘

图 8-8 滚盘工作表面形状

图 8-9 对焊电极形状

课题 8-1 电 阻 点 焊

学习目标及技能要求

· 熟悉电阻焊机的使用方法。

· 掌握薄板点焊的操作方法。

1. 焊前准备

（1）试件材料：Q235A。

（2）试件尺寸：245 mm×160 mm×1.5 mm，每组两块，装配时搭接量为 6~8 mm。

（3）焊接材料：选用 Cu-Cr 电极，电极直径为 ϕ6.3 mm。

（4）焊机：DN2—200 型电阻点焊机。使用前应检查焊机各处的接线是否正确、牢固，按要求调试好焊接工艺参数。同时应检查氩弧焊水冷却系统或气冷却系统有无堵塞、泄漏，如发现故障应及时解决。

（5）焊前清理：用钢丝刷清理焊件表面的铁锈及污物，并在短时间内进行焊接。

2. 确定点焊参数

焊接前确定电阻焊工艺参数，见表 8-1。

表 8-1　点焊工艺参数

板厚（mm）	焊接通电时间（s）	焊接电流（kA）	电极压力（kN）
1.5	0.2~0.4	6~8	1.5

3. 启动焊机

（1）合上电源开关。慢慢打开冷却水阀，并检查排水管是否有水流出。接着打开气源开关，按焊件要求参数调节气压。检查电极的相互位置，调节上、下电极，使接触表面对齐同心并贴合良好。

（2）根据焊接要求，通过焊接变压器和控制系统调整各开关及旋钮，调节焊接电流、预压时间、焊接时间、锻压时间、休止时间等工艺参数。

（3）按压启动按钮，接通控制系统，等待约 5 min 指示灯亮，表示准备工作结束，可以开动焊机进行焊接。

4. 焊接操作

点焊过程由 4 个基本阶段组成。

（1）预压阶段——将待焊的两个焊件搭接起来，置于上、下铜电极之间，然后施加一定的电极压力，将两个焊件压紧。

（2）焊接阶段——焊接电流通过工件，由电阻热将两工件接触表面加热到熔化温度，并逐渐向四周扩大形成熔核。

（3）锻压阶段——当熔核尺寸达到所要求的大小时，切断焊接电流，电极压力继续保持，熔核在电极压力作用下冷却结晶形成焊点。

（4）休止阶段——焊点形成后，电极提起，去掉压力，到下一个待焊点压紧工件的时间。

薄板电阻点焊操作步骤如下。

操作姿势:操作者成站立姿势,面向电极,右脚向前跨半步踏在脚踏开关上,左手持焊件,右手搬动开关或手动三通阀。

(1)预压。首先将焊件放置在下电极端头处,如图8-10所示,踩下脚踏开关,电磁气阀通电动作,上电极下降压紧焊件,进行一定的时间预压。

(2)焊接。触发电路启动工作,按已调好的焊接电流对焊件进行通电加热,如图8-11所示。经过一定的时间,触发电路断电,焊接阶段结束。

图8-10　焊件放置在电极端头处

图8-11　焊接通电加热

(3)锻压。在焊件焊点的冷凝过程中,经过一定时间的锻压(见图8-12)后,电磁气阀随之断开,上电极开始上升,锻压结束。

(4)休止。经过一定的休止时间,若抬起脚踏开关,获得焊点(见图8-13),则一个焊点焊接过程结束,为下一个焊点焊接做好准备。

图8-12　焊件焊点经过锻压

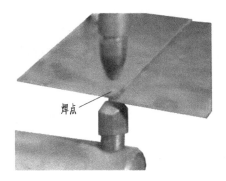

焊点

图8-13　焊接休止获得焊点

5. 停止操作

焊接停止时,应先切断电源开关,然后经过10 min后再关闭冷却水。

6. 注意事项

(1)点焊的搭接宽度及焊点间距要求。点焊的搭接宽度选择应以满足焊点强度为前提。厚度不同的材料,所需焊点直径也不同,即薄板,焊点直径小;厚板,焊点直径大。因此,不同厚度的材料搭接宽度就不同,一般规定见表8-2。

表 8-2　点焊搭接宽度及焊点间距最小值

材料厚 （mm）	结构钢		不锈钢		铝合金	
	搭接宽度（mm）	焊点间距（mm）	搭接宽度（mm）	焊点间距（mm）	搭接宽度（mm）	焊点间距（mm）
0.3+0.3	6	10	6	7		
0.5+0.5	8	11	7	8	12	15
0.8+0.8	9	12	9	9	12	15
1.0+1.0	12	14	10	10	14	15
1.2+1.2	12	14	10	14	12	15
1.5+1.5	14	15	12	12	18	20
2.0+2.0	18	17	12	14	20	25
3.0+3.0	20	24	18	18	26	30
4.0+4.0	22	26	20	22	30	35

（2）防止熔核偏移。熔核偏移是不等厚度、不同材料点焊时,熔核不对称于交界面而向厚板或导电、导热性差的一边偏移。其结果造成导电、导热性好的工件焊透率小。防止熔核偏移的原则是:增加薄板或导电、导热好的工件产热,加强厚板或导电、导热差的工件散热。

（3）表面有镀层的零件点焊时,由于镀层金属的物理、化学性能不同于零件金属本身的性能,必须根据镀层性能选择点焊设备、电极材料和焊接工艺参数,尽量减少对镀层的破坏。

（4）点焊时工件应放平,焊接顺序的安排要使焊点交叉分布,使焊接应力均匀分布,避免变形积累。

（5）随时观察焊点表面状态,及时修理电极端头,防止工件表面粘住电极或烧伤。

（6）对于工件表面要求无压痕或压痕很小时,应使表面要求高的一面放于下电极上,尽可能加大下电极表面直径,或选用平板定位焊机进行焊接。

（7）焊前、焊接过程中及焊接结束时,应分阶段进行点焊试层检验。

（8）焊接工作结束后,关闭焊接电源开关,关闭气路和冷却水。

课题 8-2　电 阻 缝 焊

学习目标及技能要求

· 掌握薄板缝焊的操作方法。

1. 焊前准备

（1）试件材料:Q235A。

（2）试件尺寸:245 mm×160 mm×1.2 mm,每组两块。

（3）焊接材料:选用圆柱面 Cu-Cr 滚盘,直径为 φ180 mm,及含 5% 硼砂的冷却水溶液。

（4）焊机:FN-150 型电阻缝焊机。使用前应检查焊机各处的接线是否正确、牢固,按要求调试好焊接工艺参数。

（5）焊前清理:用钢丝刷清理焊件表面的铁锈及污物,并在短时间内进行焊接。

2. 装配及定位

（1）装配及定位。采用定位销或夹具进行装配。定位焊点焊或在缝焊机上采用脉冲方式进行定位，焊点间距为 75～150 mm，定位焊点的数量应保证焊件足能固定住。定位焊的焊点直径应不小于焊缝宽度，压痕深度小于焊件厚度的 10%。

（2）装配间隙。装配间隙要小于 0.5 mm。

3. 确定缝焊焊接工艺参数

焊接前确定缝焊工艺参数，见表 8-3。

表 8-3　缝焊工艺参数

板厚（mm）	搭接量（mm）	焊接速度（m/min）	焊接电流（kA）	电极压力（kN）
1.2	1.8	2.0	16	7

4. 启动焊机

（1）合上电源开关。慢慢打开冷却水阀，并检查排水管是否有水流出。接着打开气源开关，按焊件要求参数调节气压。检查电极的相互位置，调节上、下电极，使接触表面对齐同心并贴合良好。

（2）根据焊接要求，通过焊接变压器和控制系统调整各开关及旋钮，调节焊接电流、通电时间、休止时间、焊接速度和电极压力等工艺参数。

（3）按下启动按钮，接通控制系统，约 5 min 指示灯亮，表示准备工作结束，可以开动焊机进行焊接。

5. 焊接操作

缝焊时，每一焊点要经过预压、焊接、锻压三个阶段。但由于缝焊时滚轮电极与焊件间相对位置的迅速变化，使此三阶段不像点焊时区分的那样明显。

（1）预压阶段——即将进入滚轮电极下面的邻近金属，受到一定的预热和滚轮电极部分压力作用。

（2）焊接阶段——在滚轮电极直接压紧下，被通电加热，由电阻热将两工件接触表面加热到熔化温度，并逐渐向四周扩大形成熔核。

（3）锻压阶段——当熔核尺寸达到所要求的大小时，从滚轮电极下面出来的邻近金属，一方面开始冷却，同时受到滚轮电极部分压力作用。

因此，正处于滚轮电极下的焊接区和邻近它的两边金属材料，在同一时刻将分别处于不同阶段。而对于焊缝上的任一焊点来说，从滚轮下通过的过程也就是经历"预压→焊接→锻压"三阶段的过程。由于该过程处在动态下进行的，预压和锻压阶段的压力作用不够充分，就使缝焊接头质量一般比点焊时差，易出现裂纹、缩孔等缺陷。

焊接操作连续通电，在工件间便出现相互重叠的焊点，从而形成连续的焊缝。

薄板电阻缝焊操作步骤。

操作姿势：操作者成站立姿势，面向滚盘，右脚向前跨半步踏在脚踏开关上，双手持焊件。

（1）预压。打开电源开关，将使用点焊定位好的焊件送到上下两滚盘间，上电极下降压紧焊件，如图 8-14 所示。

（2）焊接。电路启动工作，按已调好的焊接电流对焊件进行通电加热，如图 8-15 所示。

（3）锻压。滚盘选装，焊件向前移动，焊接移向另一焊点，从滚轮电极下面出来的邻近金属,一方面开始冷却,同时尚受到滚轮电极部分压力作用(见图 8-16)。

图 8-14　焊件送到上下两滚盘间　　图 8-15　焊接通电加热　　图 8-16　焊件焊点经过锻压

6. 停止操作

当焊件全部移出滚盘后,焊接完成。焊接停止时,应先切断电源开关,经过 10 min 后再关闭冷却水。

7. 注意事项

(1)焊前焊件表面必须认真全部或局部(沿焊缝宽约 20 mm)清理。

(2)滚轮电极必须经常修整,在某些镀层板密封焊缝的焊接中,应使用专设的修整刀。

(3)不等厚度或不同材料缝焊时,可采用与点焊类似的工艺措施,改善熔核偏移。

(4)缝焊前必须采用点焊定位,定位间距为 75~150 mm,并注意点固焊的位置和表面质量;环形焊件点固后的间隙应沿圆周均布并不得过大。

(5)长缝焊接时要注意分段调节焊接参数和焊接顺序(如:从中间向两端施焊)。

课题 8-3　钢筋闪光对焊

学习目标及技能要求

·掌握钢筋闪光对焊的操作方法。

1. 焊前准备

(1)试件材料:Q235A。

(2)试件尺寸:ϕ12 mm×100 mm,每组两根,如图 8-17 所示。

图 8-17　圆钢

(3)焊机:UN2-150 型闪光对焊焊机。使用前应检查焊机各处的接线是否正确、牢固,按要求调试好焊接工艺参数。

（4）焊前清理。对焊前清除圆钢端头约 150 mm 范围内的油污、锈蚀。弯曲的端头不能装夹,必须调直或切除。

（5）调整与装夹。

①按焊件的形状调整钳口,对准两钳口中心线。

②调整好钳口距离。

③调整行程螺钉。

④将钢筋放在两钳口上,并将两个夹头夹紧、压实。夹紧钢筋时,应使两钢筋端面的凸出部分相接触,以利于均匀加热和保证焊缝与钢筋轴线垂直。

2. 确定缝焊工艺参数

焊接前确定电阻缝焊工艺参数,见表 8-4。

表 8-4 闪光对焊工艺参数

钢筋直径(mm)	顶锻压力(MPa)	伸出长度(mm)	烧化留量(mm)	顶锻留量(mm)		烧化时间(s)
				有电	无电	
12	60	22	8	1.5	3	4.25

3. 启动焊机

（1）焊接前应检查焊机各部件和接地情况。

（2）根据焊接要求,调整变压器级次,开放冷却水,关闭电闸。

4. 焊接操作

连续闪光对焊焊接循环由闪光、顶锻、保持、休止程序组成,其中闪光、顶锻两个连续阶段组成连续闪光对焊接头形成过程,而保持、休止等程序则是对焊操作中所必需的。预热闪光对焊,是在上述焊接循环中增设有预热程序（或预热阶段）。预热方法有两种:电阻预热和闪光预热。

1）预热阶段

钢预热温度 800~900 ℃。

（1）预热的作用:

①减少需用功率,可在较小容量的焊机上对焊大截面焊件。

②加热区域较宽,使顶锻时易于产生塑性变形,并能降低焊后冷却速度,有利于可淬硬金属的焊接。

③缩短闪光加热时间、减小闪光量,既可节约金属,又可减小管材毛刺。

（2）为获得优质接头,预热阶段结束时,整个焊件端面（尤其是展开形焊件,例如板材等）应得到均匀的预热,并达到所需的温度值（例如,对于钢为 1 073~1 173 K）。

2）闪光阶段

闪光指从焊件对口间飞散出闪亮的金属微滴现象,其实质是液体过凉不断形成和爆破过程,并在此过程中析出大量的热。

（1）闪光作用。

①加热焊件,热源主要来源于液体过梁的电阻热以及过凉爆破时部分金属液滴喷射在对口端面上所带来的热量。

②烧掉焊件端面上的脏物和不平,降低对焊前端面的准备要求。

③液体过梁爆破时产生金属蒸汽及气体（CO、CO_2 等）减少空气对对口间隙的侵入,形成自保护;同时,金属蒸汽及液滴被强烈氧化而减小了气体介质中氧的分压。

④闪光后期在端面上形成的液体金属层,为顶锻时排除氧化物和过热金属提供有利条件。

（2）为获得优质接头,闪光阶段结束时应做到:

①对口处金属尽量不被氧化。要求闪光应进行得稳定而又激烈,尤其应从闪光后期至顶锻开始瞬间闪光不能中断并应有更高频率的过凉爆破。同时,闪光过程中工件不应产生短路,否则将使端面局部过热。

②在对口及其附近区域获得合适的温度分布,即对口端面加热均匀;沿零件长度获得合适的温度分布;端面上有一层较厚的液态金属层。

3）顶锻阶段

（1）顶锻作用。

①封闭对口间隙,挤平因过梁爆破而留下的火口。

②彻底排除端面上的液体金属层,使焊缝中不留铸造组织。

③排除过热金属及氧化夹杂,使洁净金属的紧密贴合。

④使对口和邻近区域获得适当的塑性变形,促进焊缝再结晶过程。

（2）顶锻阶段由有电顶锻和无电顶锻两部分组成,有电顶锻使端面液态金属不致过早冷却,使对口加热区保持一定深度,对大截面焊件尤其重要。

钢筋闪光对焊操作步骤如下。

（1）闪光预热

手握手柄将两钢筋接头端面顶紧并通电,先一次闪光,将钢筋端面闪平,然后预热。方法是使两钢筋端面交替地轻微接触和分开,使其间隙发生断续闪光来实现预热或使两钢筋端面一直紧密接触,用脉冲电流或交替紧密接触与分开,产生电阻热（不闪光）来现实预热,如图 8-18 所示。

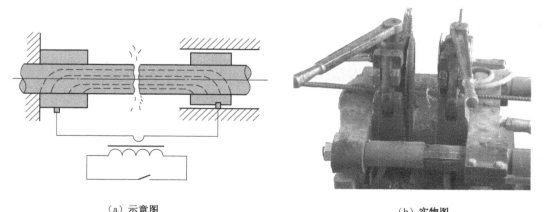

（a）示意图　　　　　　　　　　　（b）实物图

图 8-18　　闪光预热

（2）连续闪光加热

当钢筋达到预热温度后进入闪光阶段，火花飞溅喷出，排出接头间的杂质，露出新的金属表面，如图8-19所示。

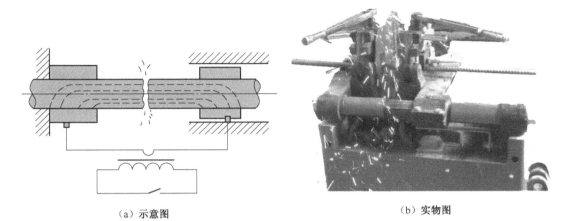

（a）示意图　　　　　　　　　　　（b）实物图

图8-19　连续闪光加热

（3）顶锻断电并继续顶锻

当闪光到预定的长度时，以一定的压力迅速进行顶锻。先带电顶锻，再无电顶锻到一定长度，焊接接头即完成，如图8-20所示。但顶锻过程不能造成接头错位、弯曲，加压使接头处形成焊包的最大凸出量高于母材 2 mm 左右为宜。

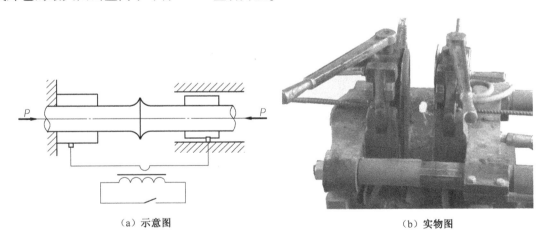

（a）示意图　　　　　　　　　　　（b）实物图

图8-20　顶锻断电并继续顶锻

（4）卸压

卸下钢筋，焊接完成。

焊接完成的焊件图如图8-21所示。

5. 停止操作

焊接停止时，应先切断电源开关，然后经过 10 min 后再关闭冷却水。

6. 注意事项

（1）对焊前清除钢筋端头约 150 mm 范围内的铁锈、污泥，并调直或切除弯头。

（2）夹紧钢筋时，应使两钢筋端面的凸出部分相接触，以利于均匀加热和保证焊缝与钢筋轴线垂直。

（3）焊接完毕，应等接头处由白红色变为黑红色才能松开夹具，平稳地取出钢筋，以免引起接头弯曲，同时趁热将焊缝的毛刺打掉。

（4）不同直径的钢筋焊接时，其直径差一般不宜大于 2~3 mm。焊接时应按大直径

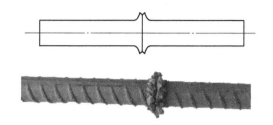

图 8-21　焊接后钢筋

钢筋选择焊接参数，并应减小大直径钢筋的调伸长度，或利用短料首先将大直径钢筋预热，以使两者在焊接过程中加热均匀，保证焊接质量。

第九章　焊接缺陷相关知识

学习目标及技能要求

· 了解焊接缺陷的种类、危害和产生原因。
· 了解怎样在焊接过程中控制缺陷的产生。

课题9-1　焊接缺陷产生原因、危害及防止措施

1. 焊接缺陷的分类

焊接缺陷可分为外部缺陷和内部缺陷两种

(1)外部缺陷分为：

①外观形状和尺寸不符合要求；②表面裂纹；③表面气孔；④咬边；⑤凹陷；⑥满溢；⑦焊瘤；⑧弧坑；⑨电弧擦伤；⑩明冷缩孔；⑪烧穿；⑫过烧。

(2)内部缺陷分为：

①焊接裂纹：a. 冷裂纹，b. 层状撕裂，c. 热裂纹，d. 再热裂纹；②气孔；③夹渣；④未焊透；⑤未熔合；⑥夹钨；⑦夹珠。

2. 各种焊接缺陷产生原因、危害及防止措施

1)外表面形状和尺寸不符合要求

(1)表现：外表面形状高低不平，焊缝成形不良，焊波粗劣，焊缝宽度不均匀，焊缝余高过高或过低，角焊缝焊脚单边或下凹过大，母材错边，接头的变形和翘曲超过了产品的允许范围等。

(2)危害：焊缝成形不美观，影响到焊材与母材的结合，削弱焊接接头的强度性能，使接头的应力产生偏向和不均匀分布，造成应力集中，影响焊接结构的安全使用。

(3)产生原因：焊件坡口角度不对，装配间隙不匀，点固焊时未对正，焊接电流过大或过小，运条速度过快或过慢，焊条的角度选择不合适或改变不当，埋弧焊焊接工艺选择不正确等。

(4)防止措施：选择合适的坡口角度，按标准要求点焊组装焊件，并保持间隙均匀，编制合理的焊接工艺流程，控制变形和翘曲，正确选用焊接电流，合适地掌握焊接速度，采用恰当的运条手法和角度，随时注意适应焊件的坡口变化，以保证焊缝外观成形均匀一致。

2)焊接裂纹

(1)表现：在焊接应力及其他致脆因素共同作用下，焊接接头中局部地区的金属原子结合力遭到破坏形成的新界面所产生的缝隙，具有尖锐的缺口和较大的长宽比。按形态可分为：纵向裂纹、横向裂纹、弧坑裂纹、焊趾裂纹、焊根裂纹、热影响区再热裂纹等。

(2)危害：裂纹是所有的焊接缺陷里危害最严重的一种。它的存在是导致焊接结构失效的最直接的因素，特别是在锅炉压力容器的焊接接头中，因为它的存在可能导致灾难性事故的

发生,裂纹最大的一个特征是具有扩展性,在一定的工作条件下会不断"生长",直至断裂。

（3）产生原因及防止措施：

①冷裂纹,是焊接头冷却到较低温度下(对于钢来说是 M_s 温度以下)时产生的焊接裂纹,冷裂纹的起源多发生在具有缺口效应的焊接热影响区或有物理化学不均匀的氢聚集的局部地带,裂纹有时沿晶界扩展,也有时穿晶扩展。这是由焊接接头的金相组织和应力状态及氢的含量决定的(如焊层下冷裂纹、焊趾冷裂纹、焊根冷裂纹等)。

产生机理：钢产生冷裂纹的倾向主要决定于钢的淬硬倾向,焊接接头的含氢量及其分布,以及接头所承受的拘束应力状态。

产生原因：

a. 钢种原淬硬倾向主要取决于化学成分、板厚、焊接工艺和冷却条件等。钢的淬硬倾向越大,越易产生冷裂纹。

b. 氢的作用,氢是引起超高强钢焊接冷裂纹的重要因素之一,并且有延迟的特征。高强钢焊接接头的含氢量越高,则裂纹的敏感性越强。

c. 焊接接头的应力状态：高强度钢焊接时产生延迟裂纹的倾向不仅取决于钢的淬硬倾向和氢的作用,还决定于焊接接头的应力状态。焊接时主要存在的应力有：不均匀加热及冷却过程中所产生的热应力、金属相变时产生的组织应力、结构自身拘束条件等。

d. 焊接工艺的影响：线能量过大会引起近缝区晶粒粗大,降低接头的抗裂性能;线能量过小,还会使热影响区淬硬,也不利于氢的逸出而增大冷裂倾向。焊前预热和焊后热处理的温度不合适,多层焊的焊层熔深不合适等。

防止措施：

a. 选择合适的焊接材料：如优质的低氢焊接材料和低氢的焊接方法。对重要的焊接结构,应采用超低氢、高韧性的焊接材料,焊条、焊剂使用前应按规定烘干。

b. 焊前仔细清除坡口周围基体金属表面和焊丝上的水、油、锈等污物,减少氢的来源,以降低焊缝中扩散氢的含量。

c. 采用低匹配的焊缝或"软层焊接"的方法,对防止冷裂纹也是有效的。

d. 避免强力组装,防止错边、角变形等引起的附加应力,对称布置焊缝,避免焊缝密集,尽量采用对称的坡口形式并力求减少填充金属,防止焊缝缺陷的产生。

e. 焊前预热和焊后缓冷,不仅可以改善焊接接头的金相组织,降低热影响区的硬度和脆性,而且可以加速焊缝中的氢向外扩散,此外还可以起到减小焊接残余应力的作用。

f. 选择合适的焊接规范。焊接速度太快,则冷却速度相应也快,易形成淬硬组织,若焊接速度太慢,又会导致热影响区变宽,造成晶粒粗大。选择合理的装配工艺和焊接顺序以及多层焊的焊层熔深。

②层状撕裂：大型厚壁结构在焊接过程中会沿钢板的厚度方向产生较大的 Z 向拉伸应力,如果钢中存在较多夹层,就会沿钢板轧制方向出现一种台阶状的裂纹,称为层状撕裂。

产生原因：金属材料中含有较多的非金属夹杂物,Z 向拘束应力大,热影响区的脆化等。

防止措施：选用具有抗层状撕裂能力的钢材,在接头设计和焊接施工中采取措施降低 Z 向应力和应力集中。

③热裂纹：焊缝和热影响区金属冷却到固相线附近的高温区产生的焊接裂纹。沿奥氏体

晶界开裂,裂纹多贯穿于焊缝表面,断口被氧化,呈氧化色。常有结晶裂纹、液化裂纹、多边化裂纹等。

产生原因:

a. 受焊缝中化学元素的影响(主要是硫、磷的影响),易在钢中形成低熔点共晶体,是一种脆硬组织,在应力的作用下引起结晶裂纹。其中的硫、磷等杂质可能来自材料本身,也有可能来自焊接材料中,还有可能来自焊接接头的表面。

b. 凝固结晶组织形态也是形成热裂纹的一种重要因素。晶粒越粗大,柱状晶的方向越明显,则产生结晶 裂纹的倾向就越大。也就是焊接线能量越大越易形成热裂纹。

c. 力学因素对热裂纹的影响:焊件的刚性很大,工艺因素不当,装配工艺不当以及焊接缺陷等都会导致应力集中而加大焊缝的热应力,在结晶时形成热裂纹。

防止措施:

a. 控制焊缝金属的化学成分,严格控制硫、磷的含量,适当提高锰含量,以改善焊缝组织,减少偏析,控制低熔点共晶体的产生。

b. 控制焊缝截面形状,宽深比要稍大些,以避免焊缝中心的偏析。

c. 对于刚性大的焊件,应选择合适的焊接规范,合理的焊接次序和方向,以减少焊接应力。

d. 除奥氏体钢等材料外,对于刚性大的焊件,采取焊前预热和焊后缓冷的办法,是防止产生热裂纹的有效措施。

e. 采用碱性焊条,甚至提高焊条或焊剂的碱度,以降低焊缝中的杂质含量,改善偏析程度。

④再热裂纹:对于某些含有沉淀强化元素(如 Cr、Mo、V、Nb 等)的高强度钢和高温合金(包括低合金高强度钢、珠光体耐热钢、沉淀强化的高温合金及某些奥氏体不锈钢等)焊接后并无裂纹发生,但在热处理过程中析出沉淀硬化相导致热影响区粗晶区或焊缝区产生的裂纹。有些焊接结构即使焊后消除应力热处理过程中不产生裂纹,而在 500~600 ℃ 的温度下长期运行中也会产生裂纹。这些裂纹统称为再热裂纹。

产生原因:在热处理温度下,由于应力松弛产生附加变形,同时在热影响区的粗晶区析出沉淀硬化相(钼、铬、钒等的碳化物)造成回火强化,当塑性不足以适应附加变形时,就会产生再热裂纹。

防止措施:

a. 控制基体金属的化学成分(如钼、钒、铬的含量),使再热裂纹的敏感性减小。

b. 工艺方面改善粗晶区的组织,减少马氏体组织,保证接头具有一定的韧性。

c. 焊接接头:减少应力集中并降低残余应力,在保证强度条件下,尽量选用屈服强度低的焊接材料。

3)气孔

焊接时,因熔池中的气泡在凝固时未能逸出,而在焊缝金属内部(或表面)所形成的空穴,称为气孔。

(1)危害:气孔会减小焊缝的有效截面积,降低焊缝的机械性能,损坏了焊缝的致密性,特别是直径不大,深度很深的圆柱形长气孔(俗称针孔)危害极大,严重者直接造成泄漏。

（2）产生原因：

①焊条或焊剂受潮，或者未按要求烘干。焊条药皮开裂、脱落、变质。

②基本金属和焊条钢芯的含碳量过高。焊条药皮的脱氧能力差。

③焊件表面及坡口有水、油、锈等污物存在，这些污物在电弧高温作用下，分解出来的一氧化碳、氢和水蒸气等，进入熔池后往往形成一氧化碳气孔和氢气孔。

④焊接电流偏低或焊接速度过快，熔池存在的时间短，以致气体来不及从熔池金属中逸出。

⑤电弧长度过长，使熔池失去了气体的保护，空气很容易侵入熔池，焊接电流过大，焊条发红，药皮脱落，而失去了保护作用，电弧偏吹，运条手法不稳等。

⑥埋弧焊时，使用过高的电弧电压，网络电压波动过大。

（3）防止措施：

①焊前一定要将焊条或焊剂按规定的温度和时间进行烘干，并做到随用随取，或取出后放在焊条保温桶中随用随取。

②应选取药皮不得开裂、脱落、变质、偏心，含碳量低，脱氧能力强的焊条。焊丝表面应清洁，无油无锈。

③认真清理坡口及两侧，去除氧化物、油脂、水分等。

④当用碱性焊条施焊时，应保持较低的电弧长度，外界风大时应采取防风措施。

⑤选择合适的焊接规范，缩短灭弧停歇时间。灭弧后，当熔池尚未全部凝固时，应及时再引弧给送熔滴，击穿焊接。

⑥运条角度要适当，操作应熟练，不要将熔渣拖离熔池。

4）夹渣

焊接后残留在焊缝内部的非金属夹杂物，称为夹渣。立焊和仰焊比平焊容易产生夹渣。

（1）危害：减少焊缝的有效截面积，降低了焊缝的机械性能。

（2）产生原因：

①焊接过程中，由于焊工工作不认真、不仔细，焊件边缘、焊层之间、焊道之间的熔渣未除干净就继续施焊，特别是碱性焊条，若熔渣未除干净，更易产生夹渣。

②由于焊条药皮受潮，药皮开裂或变质，药皮成块脱落进入熔池，又未能充分熔化或反应不完全，使熔渣不能浮出熔池表面，造成夹渣。

③焊接时，焊接电流太小，熔化金属和熔渣所得到的热量不足，流动性差，再加上这时熔化金属凝固速度快，使得熔渣来不及浮出。

④焊接时，焊条角度和运条方法不恰当，熔渣和铁水分辨不清，把熔渣和熔化金属混杂在一起。焊缝熔宽忽宽忽窄，熔宽与熔深之比过小，咬边过深及焊层形状不良等都会造成夹渣。

⑤坡口设计、加工不当也导致焊缝夹渣。

⑥基体金属和焊接材料的化学成分不当。如当熔池中含氧、氮、硫较多时，其产物（氧化物、氮化物、硫化物等）在熔化金属凝固时，因速度较快来不及浮出，就会残留在焊缝中形成夹渣。

（3）防止措施：

①认真清除锈皮和焊层间的熔渣，将凸凹不平处铲平，然后才能进行下一遍焊接。

②选用具有良好工艺性能的焊条，选择合适的焊接电流，能改善熔渣上浮的条件，有利于防止夹渣的产生。遇到焊条药皮成块脱落时，必须停止焊接，查明原因并更换焊条。

③选择适当的运条角度，操作应熟练，使熔渣和液态金属良好地分离。

5）未焊透

焊接时接头根部存在未完全熔透的现象。对接焊缝指焊缝未达到设计要求的现象。

（1）危害：明显地减小了焊缝的有效截面积，降低了焊接接头的机械性能，由于未焊透处存在缺口及"末端尖劈"，会造成严重的应力集中现象，故在承载后，极易在此处引起裂纹。

（2）产生原因：

①坡口角度小，钝边过大，装配间隙小或错边，所选用的焊条直径过大，使熔敷金属送不到根部。

②焊接电流太小，焊接速度太快，由于电弧穿透力降低使得熔池变浅而造成未焊透。

③由于操作不当，使熔敷金属未能送到预定位置，或由于电弧的磁偏吹使热能散失，该处电弧作用不到，或者单面焊双面成形的击穿焊由于电弧燃烧时间短或坡口根部未能形成一定尺寸的熔孔而造成未焊透。

（3）防止措施：

①选择合适的坡口角度、装配间隙及钝边尺寸，并防止错边。

②选择合适的焊接电流、焊条直径、运条角度。当焊条药皮厚度不均产生偏弧时，应及时更换。

③掌握正确的焊接操作方法，对手工电弧焊的运条和氩弧焊焊丝的送进应稳定、准确。熟练地击穿尺寸适宜的熔孔，应把熔敷金属送至坡口根部。

6）未熔合

熔焊时，焊道与母材之间或焊道之间未能完全熔化结合在一起的部分，称为未熔合，又称"假焊"常见的未熔合部位有：坡口边缘、焊缝金属层间等。

（1）危害：未熔合是一种比较危险的焊接缺陷，焊缝出现间断和突变部位，使得焊接接头的强度大大降低。未熔合部位还存在尖劈间隙，承载后应力集中严重，极易由此处产生裂纹。

（2）产生原因：

①电流不稳定，电弧偏吹，使得偏离部位（如母材或上一道焊层）所得到的热能不足以熔化基体金属或上道焊层的熔敷金属。

②在坡口或上一层焊缝的表面有油、锈等脏物，或存在熔渣及氧化物，阻碍了金属的熔合。

③焊接电流过大，焊条熔化过快、坡口母材金属或前一层焊缝金属未能充分熔化，却已被熔敷金属覆盖，造成"假焊"。

④在横焊时，由于上侧坡口金属熔化后产生下坠，影响下侧坡口面金属的加热熔化，造成"冷接"。

⑤横焊操作时在上、下坡口面击穿顺序不对，未能先击穿下坡口后击穿上坡口，或者在上、下坡口面上击穿孔位置未能错开一定距离，使上坡口熔化金属下坠产生黏结，造成未熔合。

（3）防止措施：

①焊条或焊炬的倾斜角度要适当，并注意观察坡口两侧母材金属的熔化情况。

②选用稍大的焊接电流或火焰能率,以使基体金属或前一道焊层金属充分熔化。

③当焊条偏弧时,应及时调整焊条角度,或更换焊条,使电弧始终对准熔池。

④对坡口表面和前一层焊道的表面,应认真进行清理,使之露出金属光泽后再施焊。

⑤横焊操作时,掌握好上、下坡口面的击穿顺序并保持适宜的熔孔位置和尺寸大小。气焊和氩弧焊时,焊丝的送进可熟练地从熔孔上坡口拖到下坡口。

7)咬边

在焊缝金属与基体金属交界处,沿焊趾的母材部位,金属被电弧烧熔后形成的凹槽,称为咬边。

(1)危害:咬边减少了基本金属的有效截面,直接削弱了焊接接头的强度,在咬边外,容易引起应力集中,承载后可能在此处产生裂纹。

(2)产生原因:

①焊接电流过大,电弧过长,运条角度不适当,焊缝部位不平等。

②运条时,电弧在焊缝两侧停顿时间短,液态金属未能填满熔池。横焊时在上坡口面停顿的时间过长,以及运条、操作不正确也会造成咬边。

③埋弧焊时产生咬边的原因主要是焊接电流过大,焊接速度过快,焊丝角度不当。

(3)防止措施:

①选择适宜的焊接电流、运条角度,进行短弧操作。

②焊条摆动至坡口边缘,稍作稳弧停顿,操作应熟练、平稳。

③埋弧焊的焊接工艺参数要选择适当。

8)夹钨

在手工钨极氩弧焊时,由于钨极强烈发热,钨极端部熔化、蒸发,或因钨极与焊件接触,使钨过渡到了焊缝中。

(1)危害:焊缝的机械性能特别是韧性和塑性下降。

(2)防止措施:选用直径大小适宜的钨极,并配合适当的电流,使氩气可靠地保护钨极端部,以防止钨极烧损;采用短弧操作,并应及时修磨钨极端部。

9)夹珠

如果焊接规范不合理,或焊工操作不当,会有金属飞溅物或孤立的单个金属熔滴飞出熔池,落到其他已经冷却但尚未焊完的焊道上,这些飞溅物和熔滴不可能与已冷却的焊道自行熔合。而只是黏附在原焊缝表面,而且,这些金属飞溅物和熔滴的表面上,也可能还覆盖有熔渣,如果继续焊接下一层焊道就会被夹入焊缝中,形成"夹珠"。

防止措施:选择合适的焊接规范,提高焊工的焊接技术水平,严格执行焊接操作规程。在每一层焊道施焊前,仔细地清理原焊缝表面的熔渣、熔滴和飞溅物等杂物。适当加大焊接电流,减慢焊接速度,可使黏附在原焊缝表面的飞溅、熔滴等物熔化。

10)凹陷

焊道中心部的金属低于焊道边缘和母材表面的现象称为凹陷。

(1)危害:减小了金属的有效截面,造成焊接接头处所受的应力不均匀,直接削弱了焊接接头的强度,并有应力集中倾向。

(2)产生原因:

①装配间隙过大,钝边偏小,熔池体积较大,液态金属因自重产生下坠。

②焊条直径或焊接电流偏大,灭弧慢或连弧焊接使熔池温度增高,冷却慢,导致熔池金属重力增加而使表面张力减小。

③运条角度不当,减弱了电弧对熔池金属的压力或焊条未运送到坡口根部。

(3)防止措施:

①在进行单面焊双面成形焊接时,要选择合适的坡口钝边、角度、间隙。操作要熟练、准确。

②严格控制击穿的电弧加热时间及运条角度,熔孔大小要适当,采用短弧施焊。

11)满溢

熔焊金属流淌而出敷盖在焊道两侧的母材金属上,称为满溢。

(1)危害:满溢的焊接接头,在焊缝金属与未熔母材金属的交界处,存在一个犹如人工预制的裂口,承载后应力集中现象十分严重,极易扩展成裂纹。

(2)产生原因:坡口边缘的污物没有清除干净;焊接电流过大;焊条金属熔化了,而母材金属还没有充分熔化,也容易产生满溢。

防止措施:采用合适的焊接规范施焊,焊前要清理干净坡口及附近的表面。

12)焊瘤

在焊接过程中,液态金属流淌到焊缝之外形成的金属瘤,称为焊瘤。

(1)危害:影响了焊缝表面的美观,会造成应力集中现象,在焊瘤下面,常有未焊透缺陷存在,在焊瘤附近,容易造成表面夹渣,在管道内部的焊瘤,还会影响管内的有效截面积,甚至造成堵塞。

(2)产生原因:

①由于钝边薄,间隙大,击穿熔孔尺寸较大。

②由于焊接电流过大,击穿焊接时电弧燃烧、加热时间长,造成熔池温度增高。熔池体积增大中,液态金属因自身重力作用下坠而形成的焊瘤。

③操作运条或送焊丝动作不熟练,焊条或焊丝与焊炬角度不适当。

④焊接速度过慢。

防止措施:

①选择适宜的钝边尺寸和装配间隙,控制熔孔大小并均匀一致。掌握电弧燃烧和熄灭的时间。

②选择合理的焊接规范,击穿焊接电弧加热时间不可过长,操作应熟练自如,运条角度适当。

13)弧坑

电弧焊时,由于断弧或收弧不当,在焊缝末端(熄弧)处,形成低于母材金属表面的凹坑,称为弧坑。

(1)危害:焊缝该处的强度被削弱,易在弧坑处引发其他微裂纹、气孔等缺陷,该处易引起应力集中。

(2)产生原因:熄弧时间过短,或焊接突然中断,薄板焊接时,焊接电流过大,埋弧焊时,没有分两步按下"停止"按钮。

（3）防止措施：焊缝结尾应在收弧处做短时间停留或做几次环形运条,以便继续添加一定量的熔化金属。埋弧焊时,应分两次按"停止"按钮(先停止送丝,后切断电源),重要的结构应设置引弧板和熄弧板。

14）电弧擦伤

电弧焊时,在坡口外母材上引弧或打弧产生的局部损伤(弧痕),称为电弧擦伤。

（1）危害：电弧擦伤处,由于冷却速度快,容易造成表面脆化,可能成为引起焊件脆断的原因。

（2）防止措施：要保证焊接二次线路完好,焊工操作应熟练准确。

15）明冷缩孔

熔化金属在凝固过程中收缩而产生的孔穴,称为冷缩孔。

（1）产生原因：施焊时灭弧快,由于母材金属的热传导作用,熔池中靠近坡口两侧熔化金属快速冷却、凝固,而熔池中部冷却较慢。从而产生一种"横向冷却收缩"现象。

（2）防止措施：应注意在熄弧时不要太突然或太快,更换焊条时,要填满熔池然后灭弧,还可采用两点击穿法施焊,以防止冷却速度过快。

16）烧穿

焊接过程中,在焊缝的某处或多处形成的穿孔称为烧穿。

（1）产生原因：焊接电流过大,焊接速度过慢,坡口间隙过大,都可能产生烧穿。

（2）防止措施：选择合适的焊接电流,选择合适的坡口角度和装配间隙。

17）过烧

焊缝金属在焊接过程中受热时间过长,造成晶粒粗大,金属变脆,晶粒边界被激烈氧化,焊缝"发渣",金属表面变黑并起氧化皮,这种现象称为过烧。

产生原因：焊接速度太慢,焊炬在某处的停留时间太长。焊工操作手法欠熟练。

课题 9-2　焊接过程怎么控制缺陷的产生

学习目标及技能要求

· 能够理解和掌握各类缺陷的防治措施。

各类焊接产生缺陷原因及控制措施。

1）气孔（见图 9-1,表 9-1）

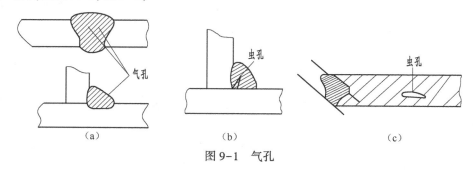

图 9-1　气孔

表 9-1　气孔缺陷

焊接方式	发 生 原 因	防 止 措 施
手工电弧焊	(1)焊条不良或潮湿; (2)焊件有水分、油污或锈蚀; (3)焊接速度太快; (4)电流太强; (5)电弧长度不适合; (6)焊件厚度大,金属冷却过速	(1)选用适当的焊条并注意烘干; (2)焊接前清洁被焊部分; (3)降低焊接速度,使内部气体容易逸出; (4)使用厂商建议的适当电流; (5)调整电弧长度; (6)施行适当的预热工作
CO_2 气体保护焊	(1)母材不洁; (2)焊丝有锈或焊药潮湿; (3)点焊不良,焊丝选择不当; (4)干伸长度太长,CO_2气体保护不周密; (5)风速较大,无挡风装置; (6)焊接速度太快,冷却快速; (7)火花飞溅黏在喷嘴上,造成气体乱流; (8)气体纯度不良,含杂物多(特别含水分)	(1)焊接前注意清洁被焊部位; (2)选用适当的焊丝并注意保持干燥; (3)点焊焊道不得有缺陷,同时要清洁干净,且使用焊丝尺寸要适当; (4)减小干伸长度,调整适当气体流量; (5)加装挡风设备; (6)降低速度使内部气体逸出; (7)注意清除喷嘴处焊渣,并涂以飞溅附着防止剂,以延长喷嘴寿命; (8)CO_2纯度为99.98%以上,水分为0.005%以下
埋弧焊接	(1)焊缝有锈、氧化膜、油脂等有机物杂质; (2)焊剂潮湿; (3)焊剂受污染; (4)焊接速度过快; (5)焊剂高度不足; (6)焊剂高度过大,使气体不易逸出(特别在焊剂粒度细的情况下); (7)焊丝生锈或沾有油污; (8)极性不适当(特别在对接时受污染会产生气孔)	(1)焊缝需研磨或以火焰烧除杂质,再以钢丝刷清除; (2)需约300℃干燥; (3)注意焊剂的储存及焊接部位附近地区的清洁,以免杂物混入; (4)降低焊接速度; (5)焊剂出口橡皮管口要增加高度; (6)焊剂出口橡皮管要调整低些,在自动焊接情况下高度应为30~40 mm; (7)换用清洁焊丝; (8)将直流正接(DC-)改为直流反接(DC+)
设备不良	(1)减压表冷却,气体无法流出; (2)喷嘴被火花飞溅物堵塞; (3)焊丝有油、锈	(1)气体调节器无附加电热器时,要加装电热器,同时检查表的流量; (2)经常清除喷嘴飞溅物,并且涂以飞溅附着防止剂; (3)焊丝储存或安装焊丝时不可触及油类
自保护药芯焊丝	(1)电压过高; (2)焊丝突出长度过短; (3)钢板表面有锈蚀、油漆、水分; (4)焊枪拖曳角倾斜太多; (5)移行速度太快,尤其横焊	(1)降低电压; (2)依各种焊丝说明使用; (3)焊前清除干净; (4)减少拖曳角至0~20°; (5)调整适当

气孔的典型缺陷照片如图9-2所示。

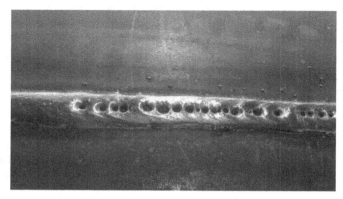

图　9-2

2）咬边（Undercut）（见图9-3、表9-2）

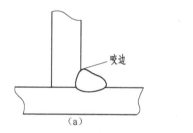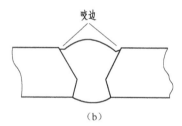

图9-3　咬边

表9-2　咬边缺陷

焊接方式	发　生　原　因	防　止　措　施
手工 电弧焊	（1）电流太强； （2）焊条不适合； （3）电弧过长； （4）操作方法不当； （5）母材不洁； （6）母材过热	（1）使用较低电流； （2）选用适当种类及大小的焊条； （3）保持适当的弧长； （4）采用正确的角度，较慢的速度，较短的电弧及摆动幅度较小的运弧法； （5）清除母材油渍或锈蚀； （6）使用直径较小的焊条
CO_2 气体 保护焊	（1）电弧过长，焊接速度太快； （2）平位角焊时，焊条对准部位不正确； （3）立焊摆动或操作不良，使焊道两边填补不足产生咬边	（1）降低电弧长度及速度； （2）在平位角焊时，焊丝位置应离交点 1~2 mm； （3）改正操作方法

咬边的典型缺陷照片如图9-4所示。

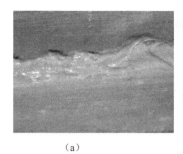
（a）

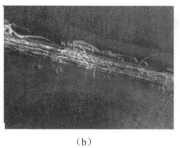
（b）

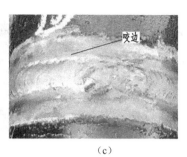
（c）

图 9-4　咬边缺陷

3）夹渣（Slag Inclusion）（见图 9-5，表 9-3）

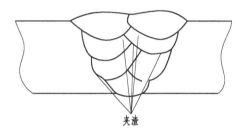

图 9-5　夹渣

表 9-3　夹渣缺陷

焊接方式	发 生 原 因	防 止 措 施
手工电弧焊	（1）前层焊渣未完全清除； （2）焊接电流太低； （3）焊接速度太慢； （4）焊条摆动过宽； （5）焊缝组合及设计不良	（1）彻底清除前层焊渣； （2）采用较高电流； （3）提高焊接速度； （4）减少焊条摆动宽度； （5）改正适当坡口角度及间隙
CO_2 气体电弧焊	（1）母材倾斜（下坡）使焊渣超前； （2）前一道焊接后，焊渣未清除干净； （3）电流过小，速度慢，焊道量多； （4）用前进法焊接，开槽内焊渣超前较多	（1）尽可能将焊件放置在水平位置； （2）注意每道焊道的清洁； （3）增加电流和焊速，使焊渣容易浮起； （4）提高焊接速度
埋弧焊接	（1）焊接方向朝母材倾斜方向，因此焊渣流动超前； （2）多层焊接时，焊丝过于靠近开槽的侧边； （3）在焊接起点有导板处易产生夹渣； （4）电流过小，第二层间有焊渣留存，在焊接薄板时容易产生裂纹； （5）焊接速度过低，使焊渣超前； （6）最后完成层电弧电压过高，使得游离焊渣在焊道端头产生搅卷	（1）改向相反方向焊接，或将母材尽可能改成水平方向焊接； （2）开槽侧面和焊丝之间距离最少要大于焊丝直径； （3）导板厚度及开槽形状需与母材相同； （4）提高焊接电流，使残留焊渣容易熔化； （5）增加焊接电流及焊接速度； （6）减小电压或提高焊速，必要时盖面层由单道焊改为多道焊接

焊接方式	发生原因	防止措施
自保护 药芯焊丝	(1)电弧电压过低； (2)焊丝摆弧不当； (3)焊丝伸出过长； (4)电流过低，焊接速度过慢； (5)第一道焊渣未充分清除； (6)第一道结合不良； (7)坡口太狭窄； (8)焊缝向下倾斜	(1)调整适当； (2)加多练习； (3)按照各种焊丝使用说明操作； (4)调整焊接参数； (5)完全清除； (6)使用适当电压，注意摆弧； (7)改正适当坡口角度及间隙； (8)放平或移行速度加快

夹渣的典型缺陷照片如图9-6所示。

图 9-6

4）未焊透（Incomplete Penetration）（见图9-7，表9-4）

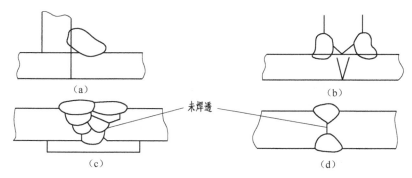

（a）　　　　　　　　　　　　　（b）

未焊透

（c）　　　　　　　　　　　　　（d）

图9-7 未焊透

表9-4 未焊透缺陷

焊接方式	发生原因	防止措施
手工 电弧焊	(1)焊条选用不当； (2)电流太低； (3)焊接速度太快温度上升不够，但进行速度太慢则电弧冲力被焊渣所阻挡； (4)焊缝设计及组合不正确	(1)选用具有渗透力的焊条； (2)使用适当电流； (3)改用适当焊接速度； (4)增大开槽角度，增加间隙，并减少根深

续表

焊接方式	发生原因	防止措施
CO₂ 气体保护焊	(1)电流过小,焊接速度过低; (2)电弧过长; (3)开槽设计不良	(1)增加焊接电流和速度; (2)降低电弧长度; (3)增加开槽度数,增加间隙减少根深
自保护药芯焊丝	(1)电流太低; (2)焊接速度太慢; (3)电压太高; (4)摆弧不当; (5)坡口角度不当	(1)提高电流; (2)提高焊接速度; (3)降低电压; (4)多加练习; (5)采用大开槽角度

未焊透典型缺陷的照片如图 9-8 所示。

图 9-8　未焊透典型缺陷

5)裂纹(Crack)(见图 9-9、表 9-5)

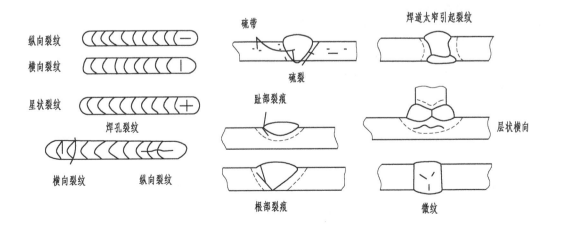

图 9-9　裂纹

表 9-5 裂纹缺陷

焊接方式	发 生 原 因	防 止 措 施
手工 电弧焊	(1)焊件含有过高的碳、锰等合金元素； (2)焊条品质不良或潮湿； (3)焊缝拘束应力过大； (4)母条材质含硫过高不适于焊接； (5)施工准备不足； (6)母材厚度较大,冷却过速； (7)电流太强； (8)首道焊道不足以抵抗收缩应力	(1)使用低氢系焊条； (2)使用适宜焊条,并注意干燥； (3)改良结构设计,注意焊接顺序,焊接后进行热处理； (4)避免使用不良钢材； (5)焊接时需考虑预热或后热； (6)预热母材,焊后缓冷； (7)使用适当电流； (8)首道焊着金属须充分抵抗收缩应力
CO_2 气体 保护焊	(1)开槽角度过小,在大电流焊接时,产生梨形和焊道裂纹； (2)母材含碳量和其他合金量过高(焊道及热影响区)； (3)多层焊接时,第一层焊道过小； (4)焊接顺序不当,产生拘束力过强； (5)焊丝潮湿,氢气侵入焊道； (6)套板密接不良,形成高低不平,致应力集中； (7)因第一层焊接量过多,冷却缓慢(不锈钢,铝合金等)	(1)注意开槽角度与电流的配合,必要时要加大开槽角度； (2)采用含碳量低的焊条； (3)第一道焊着金属须充分抵抗收缩应力； (4)改良结构设计,注意焊接顺序,焊后进行热处理； (5)注意焊丝保存； (6)注意焊件组合精度； (7)注意正确的电流及焊接速度
埋弧 焊接	(1)对焊缝母材所用的焊丝和焊剂的配合不适当(母材含碳量过大,焊丝金属含锰量太少)； (2)焊道急速冷却,使热影响区发生硬化； (3)焊丝含碳、硫量过大； (4)在多层焊接的第一层所生焊道力,不足以抵抗收缩应力； (5)在角焊时存在过深的渗透或偏析； (6)焊接施工顺序不正确,母材拘束力大； (7)焊道形状不适当,焊道宽度与焊道深度比例过大或过小	(1)使用含锰量较高的焊丝,在母材含碳量多时,要有预热之措施； (2)需增加焊接电流及电压,降低焊接速度,母材需加热； (3)更换焊丝； (4)第一层焊道的焊着金属须充分抵抗收缩应力； (5)将焊接电流及焊接速度减低,改变极性； (6)注意规定的施工方法,并予以焊接操作施工指导； (7)焊道宽度与深度的比例约为 1：1.25,电流降低,电压加大

裂纹典型缺陷照片如图 9-10 所示。

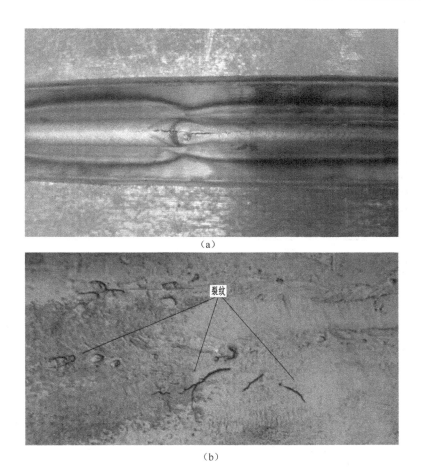

（a）

（b）

图 9-10　典型裂纹缺陷

6）变形（Distortion）（见图 9-11，表 9-6）

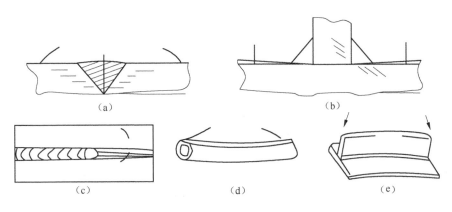

（a）　　　　　　　　　　　　　　（b）

（c）　　　　　（d）　　　　　（e）

图 9-11　变形

表9-6　变形缺陷

焊接方式	发 生 原 因	防 止 措 施
手焊、CO_2气体保护焊、自保护药芯焊丝焊接、自动埋弧焊接	(1)焊接层数太多； (2)焊接顺序不当； (3)施工准备不足； (4)母材冷却过速； (5)母材过热(薄板)； (6)焊缝设计不当； (7)焊道金属过多； (8)拘束方式不当	(1)使用直径较大的焊条及较高电流； (2)改正焊接顺序； (3)焊接前,使用夹具将焊件固定以免发生翘曲； (4)避免冷却过速或预热母材； (5)选用穿透力较低的焊材； (6)减少焊缝间隙,减少开槽角度； (7)注意焊接尺寸,不使焊道过大； (8)注意采取防止变形的固定措施

7)其他缺陷(见图9-12,表9-7)

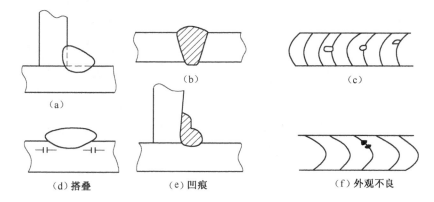

图9-12　其他缺陷

表9-7　其他缺陷

焊接方式	发 生 原 因	防 止 措 施
搭叠	(1)电流太低； (2)焊接速度太慢	(1)使用适当的电流； (2)使用适合的速度
焊道外观形状不良	(1)焊条不良； (2)操作方法不当； (3)焊接电流过高,焊条直径过粗； (4)焊件过热； (5)焊道内,熔填方法不良； (6)导电嘴磨耗； (7)焊丝伸出长度不变	(1)选用适当大小,良好的干燥焊条； (2)采用均匀适当的速度及焊接顺序； (3)选用适当电流及适当直径的焊接； (4)降低电流； (5)多加练习； (6)更换导电嘴； (7)保持定长、熟练
凹痕	(1)使用焊条不当； (2)焊条潮湿； (3)母材冷却过速； (4)焊条不洁及焊件的偏析； (5)焊件含碳、锰成分过高	(1)使用适当焊条,如无法消除凹痕时用低氢型焊条； (2)使用干燥过的焊条； (3)降低焊接速度,避免急冷,最好施以预热或后热； (4)使用良好低氢型焊条； (5)使用盐基度较高焊条

焊接方式	发 生 原 因	防 止 措 施
偏弧	(1)在进行直流电焊时,焊件所产生磁场不均,使电弧偏向; (2)接地线位置不佳; (3)焊枪拖曳角太大; (4)焊丝伸出长度太短; (5)电压太高,电弧太长; (6)电流太大; (7)焊接速度太快	(1)电弧偏向一方置一地线;正对偏向一方焊接;采用短电弧;改正磁场;改用交流电焊; (2)调整接地线位置; (3)减小焊枪拖曳角; (4)增长焊丝伸出长度; (5)降低电压及电弧; (6)调整使用适当电流; (7)焊接速度变慢
烧穿	(1)在有开槽焊接时,电流过大; (2)因开槽不良焊缝间隙太大	(1)降低电流; (2)减少焊缝间隙
焊道不均匀	(1)导电嘴磨损,焊丝输出产生摇摆; (2)焊枪操作不熟练	(1)将焊接导电嘴换新使用; (2)多加操作练习
焊泪	(1)电流过大,焊接速度太慢; (2)电弧太短,焊道高; (3)焊丝对准位置不适当(角焊时)	(1)选用正确电流及焊接速度; (2)提高电弧长度; (3)焊丝不可离交点太远
火花飞溅过多	(1)焊条不良; (2)电弧太长; (3)电流太高或太低; (4)电弧电压太高或太低; (5)焊丝突出过长; (6)焊枪倾斜过度,拖曳角太大; (7)焊丝过度吸湿; (8)焊机情况不良	(1)采用干燥合适的焊条; (2)使用较短的电弧; (3)使用适当的电流; (4)调整适当电压; (5)依各种焊丝使用说明操作; (6)尽可能保持垂直,避免过度倾斜; (7)注意仓库保管条件; (8)进行修理,平日注意保养
焊道成蛇行状	(1)焊丝伸出过长; (2)焊丝扭曲; (3)直线操作不良	(1)采用适当的长度,例如实心焊丝在大电流时伸出长20~25 mm。在自保护焊接时伸出长度为40~50 mm; (2)更换新焊丝或将扭曲予以校正; (3)在直线操作时,焊枪要保持垂直
电弧不稳定	(1)焊枪前端导电嘴比焊丝直径大太多; (2)导电嘴发生磨损; (3)焊丝发生卷曲; (4)焊丝输送机回转不顺; (5)焊丝输送轮子沟槽磨损; (6)加压轮子压紧不良; (7)导管接头阻力太大	(1)焊丝直径必须与导电嘴配合; (2)更换导电嘴; (3)将焊丝卷曲拉直; (4)将输送机轴加油,使回转润滑; (5)更换输送轮; (6)压力要适当,太松送线不良,太紧焊丝损坏; (7)导管弯曲过大,调整减少弯曲量
喷嘴与母材间发生电弧	喷嘴,导管或导电嘴间发生短路	火花飞溅物黏及喷嘴过多须除去,或是使用焊枪有绝缘保护的陶瓷管
焊枪喷嘴过热	(1)冷却水不能充分流出; (2)电流过大	(1)冷却水管不通,如冷却水管阻塞,必须清除使水压提升流量正常; (2)焊枪使用在容许电流范围及使用率之内
焊丝粘住导电嘴	(1)导电嘴与母材间的距离过短; (2)导管阻力过大,送线不良; (3)电流太小,电压太大	(1)在较远距离起弧,然后调整到适当距离; (2)清除导管内部,使导管能平稳输送; (3)调整适当电流、电压值

其他典型缺陷照片如图 9-13 所示。

（a）焊穿

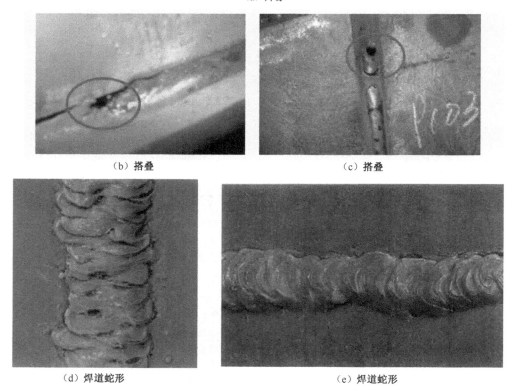

（b）搭叠　　　　　　　　　　　（c）搭叠

（d）焊道蛇形　　　　　　　　　　（e）焊道蛇形

图 9-13　其他典型缺陷

参 考 文 献

[1] 中国机械工程学会焊接学会.焊接手册[M].3版.北京:机械工业出版社,2008.

[2] 宋金虎.焊接方法与设备[M].大连:大连理工大学出版社,2010.

[3] 刘光云,赵敬党.焊接技能实训教程[M].北京:石油化工出版社,2009.

[4] 焊工实际操作手册[M].沈阳:辽宁科学技术出版社,2006.

[5] 王长忠.高级焊工技能训练[M].北京:中国劳动社会保障出版社,2006.